# 2～6岁幼儿情绪心理学

董董◎著

中国纺织出版社有限公司

## 内容提要

情绪对于儿童来说是最直接的表达与反应，比任何语言、行为都更真实而贴切。它有时是外显而生动的，有时是隐秘而复杂的。认识、接纳和疏导孩子的情绪，走进孩子的心灵世界，看看他们的内心究竟发生了什么。从这里出发，追根溯源，才能找到孩子的行为密码，找到孩子那些不当行为背后的诉求。

同时，情绪又是千变万化的，常常倏忽而过，唯有用更多的爱与耐心，不带评判地看待与包容，充满智慧地启发，才能让孩子的情绪自然流淌，满载着爱与希望，唱着歌儿驶向远方……

### 图书在版编目（CIP）数据

2~6岁幼儿情绪心理学 / 董董著.--北京：中国纺织出版社有限公司，2024.1
ISBN 978-7-5229-0524-2

Ⅰ. ①2… Ⅱ. ①董… Ⅲ. ①婴幼儿—情绪—研究 Ⅳ. ①B844.12

中国国家版本馆CIP数据核字（2023）第069435号

责任编辑：赵晓红　江　飞　　　　　责任校对：高　涵
责任印制：储志伟

中国纺织出版社有限公司出版发行
地址：北京市朝阳区百子湾东里A407号楼　邮政编码：100124
销售电话：010—67004422　传真：010—87155801
http://www.c-textilep.com
中国纺织出版社天猫旗舰店
官方微博 http://weibo.com/2119887771
三河市延风印装有限公司印刷　各地新华书店经销
2024年1月第1版第1次印刷
开本：880×1230　1/32　印张：8
字数：150千字　定价：49.80元

凡购本书，如有缺页、倒页、脱页，由本社图书营销中心调换

# 前　言

13年的教育教学经历中，我接触过上千个孩子，和我有深度交流的也有几百个，他们或是调皮可爱，或是内敛沉静，都给我带来很多的成长惊喜。我始终相信，孩子是有灵性的，他们的标签不应该只是"懵懂"或"无知"，儿童有他们自己的智慧。

9年前，我成为一个新手妈妈，一开始焦头烂额的忙碌之后，我开始反思，我该怎样以妈妈的身份去教一个孩子？像老师传授知识一样吗？不完全是。像朋友相处一样吗？显然不够。父母的角色，父母的影响，远比这些更深刻、更久远，那是刻在骨子里的一种力量，是融入血液、温暖心灵的深深牵绊。

我最先接触的是儿童不同年龄阶段的身心特点、行为规律，了解和幼儿玩耍的一些游戏、趣味互动，后来孩子慢慢长大，我开始感觉到一些挑战了，就想找一种靠谱的方法来有效地引导孩子。当我学得越多，实践得越多，越发现做父母真的是一件不容易的事，而儿童，也确实值得我们付出更多的敬畏、耐心与爱。

有时，我们只看到孩子不听话，有没有听听他内心的声音？

有时，我们只看到孩子的不当行为，有没有问问他为什么

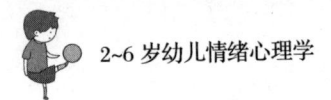

这样做？问的时候，是指责、否定，还是真诚地沟通、倾听？

有时，我们只觉得养育孩子难，有没有想想我们为此付出了哪些努力？这些努力真的是孩子需要的吗？

也有时，我们总想说"别哭了""又乱发脾气""这点小事有什么"，可是也许从孩子的角度，他需要我们更有力量的引导。

我们也想过静待花开、树大自直，可有时，现实似乎离我们的理想总有些出入。

心理学上有一幅著名的内在冰山图，冰山之上是表面的行为，是孩子对一些事情的应对方式，而水面之下，隐藏起来的有感受、观点、期望、渴望、自我等深层的因素。如果我们不去了解孩子的内心，当然这个内心不是简单的、一时的想法，而是孩子内在的深层自我，那么在引导孩子时很可能达不到预期的效果。

与外在行为直接发生关联的感受，就是本书中提到的情绪。情绪对幼儿来说就是喜怒哀乐等心理体验，这些体验直接影响着孩子的行为。不高兴了就不配合，委屈了大哭大闹，生气了发火打人，不当行为往往是情绪和认知带来的最直接的表现。想要引导孩子的行为，就要深挖孩子情绪背后的心理，了解情绪密码，不要孤立地纠结在外部行为上。

在2~6岁，幼儿的情绪应该像江河之水一样流淌起来，有微风乍起吹皱的涟漪，有风平浪静安稳的水面，有风骤雨急激烈的冲突，但不论如何，他们依然有着旺盛的生命力，涌动着成长的力量。

本书当中就记录着很多情绪的解码与理性的引导，也许不一定很完美，但每一次对孩子情绪的关注都值得我们有十足的耐心和慎重的态度。很难想象，当我第一次知道"所有的情绪都应该被接纳"时，那份震惊。怎么可能都要接纳？坏情绪是不对的呀！接纳了会不会带来更多的坏行为？接纳了有什么用？有些无法解决的问题依然得不到解决呀！

其实是我们忽视了，从小到大，我们都学着与人相处、适应社会，我们却从来没有学习如何自处，如何调节和接纳自己。而接纳情绪正是孩子处理自己与内在的重要一环。有接纳，才能有和谐、正面的力量；有接纳，引导才能走进心里；有接纳，才有了更多的可能。

当愤怒的情绪得到接纳，发脾气的孩子就能冷静下来，想想同样的事，如何做才能更好；当恐惧的情绪得到接纳，退缩的孩子就有了一份底气，勇气从那里一点一点积蓄；当悲伤的情绪得到接纳，难过的孩子就能得到爱的抚慰，情绪得以释放才能让他走出阴霾。

在这本书中，我记录了很多自己的真实经历和观察思考，有的引导还算成功，有的也欠缺火候，我希望通过这些案例给家长们一些真实的启发，在科学引导孩子的路上，可能无法事事完美，但如果我们始终以接纳、平和、理性的态度来引导，一定会让孩子有一些不一样的收获与成长，这样的态度、这样的言行，孩子都会在潜意识中进行模仿。

最感谢的是我的两个宝贝，他们对情绪不同的表达方式让我有了更深入的思考，同时作为一个忙碌的妈妈，他们对我情绪的理解和接纳也常常让我感动不已；感谢我最亲爱的爱人，总是毫不犹豫地支持我参加学习，全然接纳，才让我有勇气去尝试去突破；感谢公婆和爸爸妈妈对我们小家庭的辛苦付出，有了坚强的后盾，我才能让自己从柴米油盐和鸡飞狗跳里走出来，静下心去思考教育孩子这些事；感谢我的学生、家长、领导和亲朋好友们；感谢在知乎和写作圈里认识的专业创作者和热心的读者朋友们；感谢本书的编辑，理解我在学校工作的忙碌，拖稿很久依然在不断鼓励我，才让我坚持把这本书认真、完整地写完。我想这背后，都是接纳，有接纳带来的爱与信任，有接纳带来的欣赏与认可，也有接纳带来的鼓励和信心。

希望这本书能够抚平你的焦虑，在你遇到养育挑战时，面对孩子的情绪问题时，能够带给你一些启发。养娃之路，且行且珍惜，与各位家长朋友们共勉。

董董<br>2023年3月

# 目 录

01 情绪：孩子心灵世界的地图 _001

　　情绪，如何影响着孩子的心灵 _002
　　情绪，与大脑运作息息相关 _007
　　儿童情绪发展的四个主要阶段 _009
　　父母的情绪怎样影响孩子的情绪 _013
　　儿童情绪的起因 _018
　　不同性格儿童的情绪有哪些外显形式 _024
　　情绪如何转化为孩子的内在能量 _028

02 接纳：指引孩子情绪发展的一束光 _033

　　家长否定孩子情绪的后果有哪些 _034
　　如何梳理孩子的情绪脉络 _039
　　孩子是在乱发脾气吗 _043
　　家长有情绪，正是示范引导的好时机 _050
　　这样做，才能让孩子感到情绪被接纳 _055
　　家长接纳孩子情绪时容易出现的几个误区 _059
　　如何通过家庭氛围让孩子情绪安定 _063

03　快乐：孩子积极行动的精神动力　_069

　　让快乐成为孩子情绪发展的底色　_070
　　认知快乐的情绪，享受生活的喜悦　_075
　　如何为孩子积累足够多的快乐体验　_080
　　警惕！一味地追求开心并不可取　_086
　　生活实践：如何让孩子获得持续的、有深度的、有意义的
　　　积极情绪　_089


04　悲伤：孩子疗愈创伤的一种方式　_095

　　悲伤的背后，是儿童内心的创伤　_096
　　悲伤，是另一种形式的"疗愈"　_100
　　错误的处理方法，会累积更多的情绪问题　_105
　　孩子悲伤时，五个步骤帮你妥善处理孩子的情绪　_108
　　游戏力育儿，疗愈孩子的内心创伤　_114
　　疑点直击：这些情境该怎么办　_118


05　愤怒：孩子行动的力量之泉　_123

　　放下评判，才能走进孩子愤怒的内心世界　_124
　　勇敢地正视愤怒，拥抱失控背后的能量　_128
　　帮助愤怒中的"小暴龙"，你需要这四步　_132
　　走出愤怒的必备技能——非暴力亲子沟通　_138
　　如何养出心态平和的孩子　_146

特殊情况下的引导，更需要父母的智慧 _151

## 06 恐惧：无法掌控带来的安全感缺失 _159

孩子的恐惧，需要我们的"看见" _160
了解孩子的恐惧，才能给孩子勇气 _163
让孩子远离恐惧，这些小锦囊收藏起来 _167
恐惧到来时，请多给我一点时间 _173
分离焦虑，请你多陪陪我 _177

## 07 自卑羞愧：自我价值感受到损伤 _183

太随和的孩子，就是"怂包"吗 _184
调皮捣蛋的孩子，也会自卑吗 _189
小步前行，给自卑的孩子一份力量 _193
改善父母的语言，让孩子拥有自信 _195
培养抗挫能力，为孩子树立成就感 _199
让孩子内心强大、充满阳光 _202

## 08 其他几种常见情绪的引导策略 _205

自私嫉妒：自我中心感受遭到破坏 _206
孤独：缺乏陪伴或基本的社交能力 _209
抑郁焦虑：无法向外攻击转而攻击自己 _211
失望、绝望：希望遭到破灭 _213

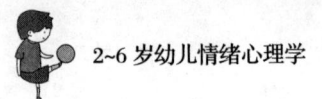

难以沟通的孩子，如何赢得他们的合作 _216

09 调整心态，理性引导 _223

父母应该如何对待孩子的情绪 _224
如何培养孩子良好的情绪管理能力 _227
如何与孩子建立良好的规则 _232
父母如何管理好自己的情绪 _235
接纳情绪，拥抱真实的自己 _241

# 01 情绪：
## 孩子心灵世界的地图

情绪，如同一个晴雨表，它能让我们知道孩子的内在世界正在经历着什么。它也像一个导航仪，沿着情绪的地图走进孩子的内心，我们能够听到那些最真实、最动人的声音，那往往是一个孩子对爱的渴望，对归属感的渴求。

在不理解孩子的时候，在对孩子生气的时候，在抱怨孩子不懂事的时候，试着去感受一下孩子的情绪吧，他的茫然无措，他的害怕退缩，他的愤怒崩溃，都是在用最本能的方式，呼唤着你去帮帮他。情绪没有好坏之分，因为在心灵的世界，一切经历都是成长与财富。

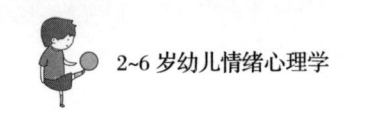

## 情绪,如何影响着孩子的心灵

说起情绪,我们都不陌生。从最常见、最明显的快乐、难过、生气、害怕,到一些更为细微隐晦的尴尬、羞愧、嫉妒等,都是人们的日常情绪。小孩子的情绪尤其丰富且直接,表现形式也更为多样。现在的大部分父母对孩子的情绪都有一定的了解,但情绪这个概念以及存在的价值,却是心理学领域一个长期研究的话题。

早在1884年,美国心理学奠基人威廉·詹姆斯(William James)写了一篇题为《情绪是什么》的文章,可是多年来,人们对情绪依然很难精确定义。在《情绪心理学》(原著第三版)中,引用了这样的一段描述:

(情绪)是推测得来的针对某个刺激的复杂反应序列,它(包括)认知评价、主观改变、自主神经唤起、神经兴奋和行为冲动,以及为了对启动这一复杂序列的刺激施加影响而设计的行为。(Plutchik, 1982, p.551)

由此可以看出,情绪是人们对外部世界的一些反应,而这些反应也旨在对外部世界施加影响。通俗来讲,情绪是对人们一切主观认知经验的通称,是多种感觉、思想和行为综合产生的心理和生理状态。我们也可以理解为,情绪是我们内在丰富的感觉和思想对外部世界和自身需求之间的关系产生反应,并呈现出来的一种心理和生理状态,是一种从自我意识出发形成

## 01 情绪：孩子心灵世界的地图

的心理活动。

一个孩子看到妈妈下班回家了，他的情绪会很愉悦，感到非常开心。

一个孩子看到自己的玩具被抢走了，会产生难过和愤怒的情绪。

一个孩子看到一群小朋友在挖沙子，想加入他们，但是又不太敢，这时候可能会有忐忑、担心等情绪。

情绪的分类看似有很多，差异也很大，但实际上情绪大致包含这样几部分：一是涉及身体的变化，如脸红、心跳加速、身体僵硬等；二是涉及有意识的体验，是孩子在生活中主动感受到的；三是包含认知的成分，与孩子对外部世界的认识和评价息息相关，如不敢参与玩耍的孩子，可能担心别人拒绝，或者不知道该怎么加入，不确定怎么玩耍。

也许有人觉得情绪就是内心的主观感受，并不重要，重要的是我们如何在外部世界生活，如何让情绪不再影响我们的行动。

一个焦虑的大人，依然可以调整自己完成既定的工作任务。

一个愤怒的孩子，也可能会在父母严厉的目光中不情不愿地完成作业。

随着心理学研究的不断深入，人们发现情绪对我们的影响比想象中更为深刻和多样，只关注结果而忽视情绪，往往会带来一些心理问题。而且情绪常常和孩子的性格、脾气、内心需求等因素杂糅在一起，呈现出更为复杂的身心状态。一个身体不适的孩子，更容易不开心；一个原本就积累着情绪的孩子，更容易被激发出强烈的情绪。这些情绪问题横亘在父母的期许和孩子的行为之间，成为让一些父母苦恼不已的挑战。

有的孩子太想妈妈了，看到妈妈下班就忍不住大哭大闹，甚至打妈妈，他说不出自己的思念和分离焦虑，只能用这样的方式来表达。

有的孩子很想买玩具，却并不理解想买玩具却暂时不能买的情况，他不清楚买玩具的约定是什么，只能用满地打滚来告诉父母自己的心愿。

也有的孩子受了委屈不知道该怎么说，只感到心里闷闷的，哭一会儿，沉默一会儿，把自己封闭起来谁也不告诉。

于是，有些孩子的情绪，导致了新的行为问题，有些孩子的情绪，让父母感受到不安和烦躁，甚至有的孩子的情绪也激发了父母的情绪，引起了亲子间的一些对抗等。

做父母的都有过体验，养个孩子太难了，可不是嘛，这些带着复杂情绪的行为，就好像故意和我们作对，我们不知道该怎么帮助孩子，也不知道怎么引导孩子。耐心总有被耗光的一刻，对情绪的不了解正在给父母带来越来越多的教育困扰。

为了解决这个问题，我们可以先对儿童情绪有个基本的认识，了解情绪是怎样影响孩子的。

1.内在情绪影响着孩子的外部行为

情绪是孩子的感觉、想法、动机、需求等内部世界的外显

## 01 情绪：孩子心灵世界的地图

表达，因为内心存在情绪，这种强烈的主观感受就会直接对孩子的外部行为产生影响。例如，小婴儿觉得不舒服，或者冷，或者饿，天生会用哭泣来表达自己的诉求，这是一种本能。他也许不会说话，不会其他方式的表达，但是他的情绪和感受是实实在在的。那么情绪就是孩子表达内在需求的一种重要方式。

再如，孩子在进入幼儿园初期经常出现的分离焦虑，就是他们内心对入园这件事产生一些不安全感，对父母更加依恋，对未知环境充满了恐惧，这样一系列的感受都是孩子内心真实的感受。而如果大人不去回应和疏导孩子的这些情绪，而是批评孩子为什么这么"黏人""淘气""不上幼儿园"，就会让原本就遭遇生活难题的孩子更加不知所措。所以我们大人了解孩子的情绪，了解情绪背后的心理学原理是非常必要的。

2.情绪影响着孩子对外部世界的理解

情绪往往比理性更直观地展现出孩子对外部世界的理解。幼儿社交中，我们常常鼓励孩子和哪个小朋友一起玩，但孩子却有自己的喜好。他们知道和谁一起玩更开心，尽管他们说不出理由，但是社交的愉悦感促使他们更愿意接近自己的好朋友。这其中就有情绪和感觉在直接发挥作用。

情绪对孩子的心理影响是复杂而多元的，如果孩子没有一个相对冷静和理性的环境，任由情绪来掌控自己，这对孩子的身心成长也是极为不利的。有的孩子喜欢看电视，大人规定了看电视的时间，到了规定时间之后，孩子却依然想看，这就产生了很多情绪，如愤怒、难过，进而出现一些哭闹、和父母对抗等行为。孩子对外部世界的规则不理解时，就会产生负面情绪。而强烈的负面情绪又会让他们失去理性，无法思考，这就让孩子陷入一种混乱和纠结中。

大人的最大作用不是否定孩子的情绪，或者批评孩子的行为，而是借此帮孩子进行良好的情绪管理，了解孩子的情绪是怎样发生、发展的，孩子对外部事实是怎样看待的，我们需要满足孩子怎样的真实需求。解决好了这些，孩子的情绪管理能力得到提高，理性思考和高阶思维也随之提升，对外部的规则也就更容易理解了。

3.大人对儿童情绪的处理方式影响着孩子的心智发育

情绪是自发的，是孩子内在自我对外部世界的主观反映。这本身是孩子自己的事，但是我们大人看到孩子存在情绪就会想办法去解决、去回应，如果回应是恰当的，孩子对外部世界的理解会更好；而有些父母因为不太了解孩子们的情绪和心理，可能会采用一些不恰当的做法，这就让孩子对外部世界产生焦虑、抵触等不安全感，严重影响着身心发展期的幼儿。

还是以入园为例，如果孩子不想去上幼儿园，父母可以和孩子聊聊他们的情绪，是害怕、担心，还是想妈妈？这些情绪背后，有什么样的希望？他们希望有人陪他们玩？希望看到一些熟悉的玩具？还是希望尽快见到妈妈？当我们和孩子平静下来通过一些分离游戏，来接纳他们的情绪、理解情绪背后的需求时，孩子对于这种不可名状的情绪就不再害怕，对于入园的事也就少了一些恐慌。

01 情绪：孩子心灵世界的地图

相反，如果我们没有解决好这些问题，忽视了孩子的情绪，只是简单粗暴地让孩子去幼儿园，那么孩子的负面情绪就会累积，所以在幼儿园门口我们可能看到孩子撕心裂肺大哭、极度惊恐的样子。并不是入园这件事真的这么可怕，而是因为孩子的恐慌情绪没有得到妥善的接纳和疏导，而外部的一些反应刺激了这种恐慌，进而出现更加严重的问题。这样的情绪，就让孩子对外部世界的理解进入一个误区，让他以为外部处处是未知的危险，让他没有安全感。

因此，情绪可以说是我们了解孩子内心世界的一份地图，借由这份地图，我们才能看到孩子们真实的内心世界，他们的喜怒哀乐，他们的一颦一笑，他们的平静与兴奋背后，都是一个个可爱的、真实的、明媚的自我。很多人常说孩子不好引导、不配合，我们首先要记得问问自己，我们真的了解孩子吗？知道他的需求和外部环境的冲突吗？在育儿中，要多一份懂得，多一份平和，对待孩子的情绪，更是如此。

## 情绪，与大脑运作息息相关

情绪是孩子对外部世界的主观反映，它与大脑的功能与运作有着密切的联系。根据脑科学研究，人的大脑分为几个不同的功能区，这些功能区的发育情况是不一致的。脑干和边缘系统区域负责原始的神经和精神活动，如强烈的情感、护犊的本

能,以及呼吸、起居、消化等身体机能,俗称"原始脑"。这部分大脑在孩子一出生就很活跃,常常主管着孩子的整个大脑活动,孩子感觉饥饿、害怕的时候,就是大脑这一部分在发挥作用。而前额叶皮质,也就是平时说的"上脑",是大脑的最外一层,它进行着更高级的思维活动,如全面的决策和筹划能力、身心管理能力、个人洞识、灵活性和适应性、共情能力和道德观等,这一部分与情绪管理息息相关。而这部分大脑发育极为缓慢,丹尼尔·西格尔曾提出人们一直要到25岁上脑才会发育完成。

良好的情绪管理意味着孩子拥有发育健康的上层大脑,在2~6岁,儿童出现各种情绪问题也是与发育不够完善的上脑有着直接的关系。但上脑的发育,除了遵循孩子自然成长规律之外,还要借助外部的情感联结和理性引导。这方面做好了,能够让孩子更顺利地进行上脑的种种思维活动,相反,如果孩子经常处于情绪冲突、不理性的状态,他的上脑发育也会受到相应的影响,出现缓慢、滞后的情况。

因此孩子出现情绪问题的时候,我们要借这个机会,引导孩子学会管理活跃的"原始脑",练习使用正在发育的"上脑"。每一次我们陪伴孩子安静下来,每一次接纳孩子的情绪,每一次让孩子在情绪的痛苦中感受到爱,都能够让孩子的情绪小怪兽慢慢冷静,这样就能够提升"上脑"的思考、判断等更高级的功能,帮助孩子形成丰富的情感、完善的人格和正确的价值感。当长期这样做下去的时候,这部分脑回路便会逐

# 01 情绪：孩子心灵世界的地图

渐加深，形成稳固的链接，下次、下下次，当孩子再出现一些情绪旋涡时，他们就更容易按照既往的脑回路走向上脑的平和与理性，而不是下意识地走向下脑的失控和无措。

另外，孩子的负面情绪中往往伴随着对抗，尤其是孩子们那些哭闹打滚、撒泼、故意挑衅父母的行为，除了带有强烈的情绪之外，还带着和父母对抗的成分。这时我们依然要努力做到冷静，允许孩子在情绪最激烈的那个瞬间发泄出来，而不是在那个瞬间和孩子进行对抗。当孩子情绪平复下来，亲子之间的对抗才能够真正得到缓解。孩子如果在和父母对抗的时候，因为父母的吼叫、打骂等暂时压制住自己的情绪，会将这些负面情绪沉淀在内心，并且滋生更多的负面想法，如爸爸妈妈对我不好；爸爸妈妈不爱我；哼，下次我偷偷地干……从本质上来说，一个容易情绪失控的家长，很难培养出理性平和的孩子。

大脑的发育规律告诉我们，对待孩子的种种情绪，更好的做法是让孩子能够在理解和接纳中得到情绪的释放，在平复心情之后再解决问题，明白下一次自己应该如何更好地回应，而不是采用一些不恰当的办法阻止孩子的情绪表达。

## 儿童情绪发展的四个主要阶段

关于婴幼儿情绪发展的过程，《伯克毕生发展心理学》一

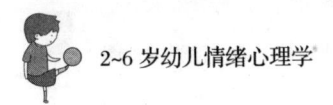

书中有比较详细的介绍，其中就有这样的研究结果：

  婴儿的情绪表现与他们解释他人情绪的能力密切相关。……婴儿能在面对面的交流中适应养育者的情绪反应。从很早开始，婴儿就借助一种相当自动化的情绪感染过程探测他人的情绪，就像我们在感觉别人的悲欢时，自己也会觉得悲欢一样。……在这些交流中，婴儿逐渐意识到情绪表达的范围。

  由此可见，婴幼儿的情绪最初与照顾他的养育者的情绪有着紧密的关系。大致上，我们可以把他们情绪发展过程分为四个主要阶段：

**1.无法分辨情绪的阶段（0~1岁）**

  调查研究显示，三四个月的婴儿就可以在和别人面对面交流时，期待对方的情绪反应，特别熟悉他们的爸爸妈妈甚至能够通过细微的表情看出他们是否开心。这时候他们的情绪非常容易被身边人影响。

  非常经典的一个案例就是网上曾有一对国外母子的视频：一开始妈妈微笑着逗宝宝，宝宝很开心地咯咯笑着和妈妈互动；后来妈妈的表情逐渐冷淡下来，宝宝显得有些奇怪；妈妈继续保持冷漠的表情，宝宝开始不知所措，皱起了眉头，当妈妈一直这样表情严肃、不笑也不动，宝宝逐渐出现恐慌的情绪，最后直接大哭起来。

  在儿童情绪发展早期，这是一种非常常见的现象。儿童在自我意识萌芽之前，他们的情绪会和身边监护人的情绪牢牢捆绑在一起，身边人是高兴的，他们更容易高兴；身边人情绪不

01 情绪：孩子心灵世界的地图

佳，他们也会非常敏感地感知到。这时候他们往往分辨不出自己和他人的情绪究竟是什么。

2.通过观察他人情绪来评估事实（1岁+）

所谓社会参照，指的是婴儿面对不确定情境时主动从可信任的人那里寻求情绪信息。

这时候幼儿会主动观察身边人的情绪，甚至会通过观察大人的表情来调整自己的行为。

还记得女儿两岁多的时候，有一天玩得入迷，忘了上厕所，结果把裤子尿湿了。这时候她看到爷爷的表情似乎有点严肃，就走到一边，站得笔直，然后大声朗诵："《绝句》，唐，杜甫。两个黄鹂鸣翠柳，一行白鹭上青天……"爷爷被她逗得噗嗤一声笑了。我们都知道，这首诗是爷爷最喜欢和她朗诵的一首诗，平时这一老一小念得抑扬顿挫，好不开心！在这一刻，女儿知道尿裤子这件事不应该发生，感知到了爷爷的情绪，也许是想通过自己的朗诵，让爷爷高兴起来吧。

大人的情绪对于幼儿来说，有着非常重要的示范和参照作用。我们经常看到这个年龄段的孩子犯错后，如果受到严厉批评与呵斥，他们就很容易情绪爆发或者哭泣；而如果大人能够冷静和孩子聊聊天，往往孩子的情绪也相对稳定一点。如果大人就是崩溃的、烦躁的，孩子的情绪也会变得敏感和冲动。这也给我们一个启发：父母对孩子情绪的回应方式，极大地影响着孩子的情绪发展模式。

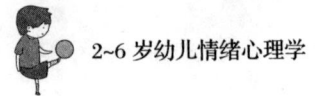

### 3.情绪的分离与独立（2岁+）

随着孩子年龄和情绪的不断发展，他们从一开始被父母情绪影响，逐渐会形成与父母不同的情绪。例如，有的父母暴跳如雷时，孩子会不再恐慌、害怕，因为他们形成了一定的免疫；有的父母很生气时，孩子却反过来安慰爸爸妈妈；还有的孩子会准确地告诉父母，我好开心啊或者我生气了。这都是他们情绪的进一步独立与发展。

著名的脑科专家丹尼尔·西格尔研究发现，父母对孩子的情绪回应方式直接决定了孩子的大脑发育状况，对情绪管理有重要影响。也就是说，儿童情绪的觉察和感知能力，父母都是可以通过恰当的方式来培养的。生活当中，父母情绪不稳定的家庭，孩子往往也经常与他人出现纷争；父母处理问题简单粗暴，孩子的大脑也就常处于危机状态，凡事不懂配合，易出现抵触他人的心理。而那些能够冷静自持的孩子，能够去安慰别人的孩子，很大的原因也是他们的情绪得到过妥善的安抚与处理，并逐步培养起同理心。

### 4.情绪管理能力的综合发展（3~6岁）

当孩子们能够将自己的情绪与他人的情绪分离开来，就意味着他们的情绪管理和调控能力的培养有了一定的基础。3~6岁儿童的情绪管理，融合了情绪的分离、情绪的认知、情绪的表达以及情绪的宣泄等诸多方面的内容。

我儿子5岁多的时候，花了很长时间用积木搭建了一座大城堡，但和2岁多的妹妹玩耍的时候城堡却不小心被妹妹推翻了，

01 情绪：孩子心灵世界的地图

妹妹似乎还觉得很好玩。当时的儿子，真的要气炸了！他举起了小拳头，想要打在妹妹身上，可是似乎他又知道这种方式不合适，拳头迟迟没有落下去，泪花却在眼眶里打转了。

我拉住他的手问："宝贝，你用心搭建的城堡倒塌了，你一定感觉有些难过，是吗？"

他点了点头，眼泪就跟着滑下来。

"还有些生气，是吗？该怎么办才能让情绪的小怪兽发泄一下呢？"情急之下，他看到了一个沙包，抓起来就丢出去了。我转过头对女儿说道："欣欣，帮哥哥把沙包捡回来吧！"

女儿赶紧把沙包拿给了哥哥，他夺过来一下又扔出去，还对妹妹喊："再扔给我！"似乎这样的做法让他的情绪得到了缓解。两个人丢了一阵沙包，疯玩了一通，又开开心心去复原他们的城堡了。

孩子在生气、难过时，往往需要一个契机来发泄，这个契机可能是哭泣，是亲子游戏，也可能是孩子喜欢的其他方法。作为父母，我们要不断留心这些帮助孩子调适情绪的机会，让孩子积累一些让自己调解心情的方法，让他们的情绪自然健康地流动起来。

## 父母的情绪怎样影响孩子的情绪

影响孩子情绪的因素有很多，其中先天气质、认知能力、周围人的情绪都发挥着重要作用。幼儿平时受家庭生活影响最大，与父母的情感联结也更为深刻，所以受父母情绪影响相对是比较大的。

美国华盛顿大学的心理学教授约翰·戈特曼最早在这方面进行了研究，并提出了"父母元情绪"的概念。所谓"父母元情绪"，指的是面对儿童的情绪表现，父母也会产生某种情绪和感受，而这种感受决定了父母面对儿童情绪时采取的行为方式，这大大影响孩子的情绪管理能力。通常来说，这种影响可以分为以下四类：

1.情绪教导型父母相对而言更能有效培养孩子的情绪管理能力

情绪教导型父母其实也就是我们平时说的高情商父母，他们通常理性而温柔，既了解孩子的情绪发展，又对理性引导有一定的方法。因此当孩子出现情绪问题时，他们能够通过一些有效途径帮助孩子认识自己的情绪，并鼓励孩子用语言或者绘画等形式表达，让情绪得以流动和发泄；他们也善于帮助孩子梳理情绪产生的原因，给孩子划定一定的规则和界线，和孩子一起思考解决问题的办法，这个过程中孩子不但解决了情绪问题，也提升了解决问题的能力，能够在理解规则中形成基本的好习惯。

这里的前提，当然是这些父母往往具备比较强大的情绪管理能力，不容易受到孩子情绪的影响而让自己陷入情绪对抗中，他们会把负面情绪当作自己和孩子成长的机会，因此在引

01 情绪：孩子心灵世界的地图

导孩子情绪时也更有自己的思路和目标。也许一开始做到这样并不那么容易，但是父母持续地用这些科学理性的方法来管理自己的情绪、引导孩子的情绪，久而久之，孩子就能掌握这种情绪管理的路径，再遇到一些情绪问题或现实问题时也就不那么恐慌了。

2.情绪回避型父母容易导致孩子回避和否定情绪

情绪回避型父母往往不太在乎自己和孩子的情绪，他们认为情绪是主观的、不理智的，对事情的解决往往没什么用，所以会下意识地避免谈论情绪。他们在自己遭遇情绪困扰时不会表达出来或者和家人交流，而是闷在心里自己消化。孩子也在模仿大人处理情绪的方法，想要教孩子正确处理情绪还要从我们大人学会表达情绪开始。

他们可能会意识不到孩子有情绪。孩子的哭泣、难过、愤怒等，在他们眼中可能不是情绪，而只是不恰当的行为。举个例子，有的小琴童在练琴时因为难度太大而受挫哭泣，父母可能会说："哭有什么用？再哭你也学不会曲子呀！别哭了，赶紧练琴吧！"这句话表面上看没有问题，在心理学上可以归为"超理性行为"，只从理性来讲这个说法无疑是正确的，一个认知能力和情绪管理能力比较强的孩子听了一般会赶紧去练习。但2~6岁的儿童，行为受制于情绪是非常明显的特点，对于情绪管理能力不足或者当下遭遇情绪困扰的孩子来说，这样超理性的话无法从情感、心理上安抚到他们，也就无法让他们调整外部的行为。很多父母发现，光批评和指责没用，也要哄着,要鼓励,这正是引导情绪的好时机。如果大人看不到孩子的情绪,只解决他们的行为,无异于去推动一座冰山,是非常艰难的。

了解孩子行为冰山下隐藏的真实自我,了解他们情绪背后的困扰、情绪来源以及他们的期待,从源头出发解决孩子的行为问题,才会事半功倍。

3.情绪失控型父母可能会让孩子陷入情绪混乱和失控的状态

这个类型的父母也很常见,他们也许天生属于情绪易激动的类型,也许他们在原生家庭中积累了一些负面情绪,所以他们在面对一些相似的情境时,情绪更容易被激发出来,更容易处于大脑卡住、情绪失控的状态。

非常典型的一种情况就是,如果孩子出现一些极端情绪,如生气、哭闹,父母的怒火会立刻被点燃,然后以更激烈的情绪来压制孩子的情绪。一开始这样也许是有效的,但随着孩子年龄的增长,情绪管理能力一直缺失,他们也会下意识地用同样的方法来处理情绪,如更加大声的哭闹,更加愤怒的反抗等。而且父母容易情绪失控,孩子的大脑也常常处于报警状态,这对孩子的大脑发育、情商培养也是非常不利的。这些孩子往往在情绪中纠结、痛苦,甚至直到成年后也只以为是别人在惹自己生气,看不到自己真正的情绪根源。

## 01 情绪：孩子心灵世界的地图

**4.情绪不干预型父母能让孩子的情绪自然流淌，但如果孩子情绪比较严重时，则需要有效干预**

情绪不干预型父母是相对来说心态较好、比较佛系的，他们能够理解情绪是一种自然流淌的感受，不应该压制和否定，因此他们不会否定孩子的情绪，这也容易让孩子处于比较安全和自由的状态。但不足的是，这些父母往往觉得情绪会自然而然消失，无须靠人力来干预。这在有些情况下是适用的，因为大部分情绪都有衰退期，一定时间之后都会慢慢消失，但是这种被动处理情绪、等待情绪自然消失的态度是不足够的。生活中，孩子的情绪有一部分是主观的，也有一部分是客观上确实存在需要解决的问题，这时我们就不能仅仅等待情绪消失了，而需要恰当干预，积极解决问题，才能及时、有效地帮助到孩子。

之前看到一个案例，孩子用自己非常喜欢的一个布娃娃和别的孩子交换礼物时换到了一辆坏的小汽车，心里非常难过，这时就存在客观上的不平衡，不单单是孩子的情绪问题。如果被动等待不去解决，孩子也许会认为这样的安排是合理的，自己就应该得到这样的礼物，所以这时还需要父母和孩子对这个问题进行公正的、理性的讨论，帮助孩子理解这件事，同时适当进行弥补。从接纳和表达情绪，到找到根源、解决问题，情绪管理一定不能局限于情绪，要与周围的人、事、物联系起来，共同为孩子创造一个安全、平和的内外场域，这应该是儿童情绪管理完整的闭环思维。

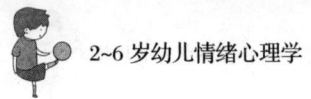

# 儿童情绪的起因

影响孩子情绪的因素有很多,有些甚至在父母看来是完全没必要的,但在孩子的世界里,这就是天大的事。很多父母不理解孩子的情绪,也是因为把握不好孩子的情绪是如何被引发起来的,没有看到孩子的内心和外部世界的激烈冲突,只看到了显露在外面的"不良行为"。通常来说,儿童情绪的起因有以下五类:

1.孩子的内心需求和感受没有被重视

孩子的内心需求和感受是需要"被看见"的,有时候即使这些需求没有被满足,仅仅是"被看见",孩子的感受也是有安全感的,可以承受"暂时没有被满足"带来的失落。

我们和孩子有个约定,每个月买一次玩具。但是有一个月我们非常忙,常常加班,我就把这件事情给忘了。看到他情绪有点低落,我就赶紧告诉孩子:"很抱歉妈妈把这件事情给忘了,你一定也期待了好久吧?那下个月我们可以兑换两个玩具,咱们周末一起去商场里选怎么样?"孩子一想到一次可以买两个玩具,失落的心情又转变为新的期待。对这件事情,孩子内心很有秩序,他知道我们的约定是什么,知道约定如果被打破可能会存在的一些弥补方法,还有他知道妈妈是讲信用的,这样他的情绪就是平和的,能够接纳一些意外和一定时间的延迟满足。

而如果一个孩子的需求总是得不到满足,并且他的情绪也

## 01 情绪：孩子心灵世界的地图

常常被忽视，孩子就会出现两种极端情况，一种是孩子压抑自己的需求和情绪，不再渴望父母的"看见"；另一种是孩子会变本加厉地尝试各种方法，这常常是一些挑战性的行为，来让父母"看见"他。我们有时候看到商场里撒泼哭闹一定要买玩具的孩子，他真的就是不懂事吗？为什么他的情绪如此激烈？他为什么这么惶恐、这么急切？在他心里，究竟经历着怎样的冲突？孩子会用各种方式来表达自己的需求和感受，从基本的语言，到哭闹，到不恰当的行为，到和父母对抗起来，如此种种，无非是为了表达自己。所以当孩子出现这些行为的时候，我们一定要重新审视这个过程，孩子的内心在经历些什么。他的行为背后，他对外部世界、对自己的需求有什么感受。

我女儿小时候特别喜欢糖果，一看到糖果就拔不动腿，在她2岁左右的时候也曾出现过因为不买糖果而哭闹的情况。我后来反思，发现那时候她还太小，不太理解每周买一次或者每两周买一次的具体概念，因为不理解，她就以为这次不买下次就再也吃不到了，因此特别惶恐，加上她天生就情感丰富，喜怒哀乐全在脸上，所以情绪表达就很直接。

后来，我们在逛街的时候适当避开这些位置，然后每两周会主动带她挑选糖果。她到三四岁的时候就完全理解这个规则了，也逐渐能够控制自己对糖果的渴望。

有些行为一旦被某种程度地接纳了，不再成为父母和孩子对抗的载体，那么这些行为也就不会成为孩子成长的阻碍。当然因为个体性格的差异，在情绪调节中还有各种不同的情况。

像我儿子性格偏沉稳，让他自己来管理糖果经常是藏起来忘了吃；而让妹妹自己来管理糖果，她就会在到了可以吃的时候早早拿出来开开心心地吃掉。虽然他们的应对方式不同，但在这个小小的约定中，他们逐渐学会了在自己可以接纳的范围内合理地把控自己的需求。

2.孩子对事件或规则缺乏理解

小孩子对我们日常生活环境和基本规则的理解需要一个相对漫长的过程，而且对于一些规则具体的灵活度以及相对稳定的部分，更需要在一些具体的情境中才能真切地感受和体验到。在这个过程中，如果孩子对周围的事物和规则理解不那么准确，也很容易引发情绪问题。

我认识的一个小孩子特别怕黑，一到晚上连房间里的阴影都会让他很恐惧。他的父母耐心解释过，也贴心陪伴过，都不是很管用。

之所以不管用因素有很多，一是恐惧黑暗是小孩子常有的心理状态；二是孩子确实不了解黑暗究竟是什么，这种黑黑的感觉让他们有种未知的恐慌；三是有的孩子可能会对特定的某种黑暗更抵触，需要家长留心注意。

我个人建议还是从接纳入手，理解孩子对黑夜的恐惧。你可以说："你感觉黑夜是可怕的。"但不能附和孩子加剧恐慌："对呀，我们也觉得黑夜好可怕。"也不要否定孩子的感受："黑夜哪里可怕了？你也太胆小了！"以理解的态度来包容孩子这份惶恐的情绪，会让孩子感觉到内心的安稳。

01 情绪：孩子心灵世界的地图

接下来，我们可以和孩子一起来了解黑夜，可以读绘本《讨厌黑夜的席奶奶》，也可以买一个小灯笼，让孩子提着一点一点去寻找自己房间里的那些小玩偶、小玩具等的具体位置，3岁以上的孩子还可以亲子共读一些关于大自然或气象的趣味绘本，了解黑夜是怎么产生的。

最后，我还建议爸爸妈妈们动动脑筋，想几个适合在黑暗中玩耍的小游戏，如捉迷藏、盲人摸象等，在有点害怕的环境中被爸爸妈妈抓到紧紧抱在怀里的时候，孩子内心的安全感将得到极大满足。

当然这些方式不是一股脑地倒给孩子，以上的方法是日常陪伴孩子时的一个思路。在成长过程中，渗透这样几个方面，让孩子逐渐感受到情绪被接纳、了解了黑暗，通过亲子游戏打破恐惧感，孩子对黑暗的这份恐惧也就慢慢降低了。

因对事件和规则不理解而产生的情绪，需要我们在解决孩子情绪的同时，帮助孩子解决现实问题，提高孩子的认知能力，从某种程度上说，孩子的情绪正是在告诉我们，他需要我们的帮助，来提升他们对周围事物的理解。

3.外部世界给孩子带来了不安全感

外部世界的复杂对于心思单纯、理解能力较弱的幼儿来说，是非常难接受的，如果孩子自身的认知能力、解决问题的能力不足，就很容易出现这样那样的情绪问题。其中幼儿阶段的入园焦虑就是最典型的一个。

不同的孩子入园焦虑的诱发点和表现形式是不一样的，

有的是非常依赖父母,也有的是害怕陌生的环境,还有的是不知道怎么和小朋友玩。我们还会发现,家庭中除了父母如果还有很多其他人陪伴孩子的,孩子在入园时对父母的依赖就不会那么强烈;父母经常带着孩子去一些新环境玩耍、探索的,对幼儿园的新环境往往也比较期待;经常与不同小朋友互动玩耍的,在幼儿园的适应能力总体也比较强。孩子日常具备一些入园应有的认知能力和基本技能,相对而言入园也会更轻松一些。

而如果孩子日常没有这方面的铺垫或者铺垫不够,孩子就难免出现不安全感。当然,即使铺垫足够,有些孩子依然存在分离焦虑,这时候父母无须自责或者恐慌,每个孩子的情况都不太一样,继续做好陪伴,对孩子表达爱,对入园的规则温和而坚定地执行,孩子们都可以慢慢适应。

4.孩子的日常情绪不断累积引起情绪爆发

这种情况也是我偶然间才发现的。

儿子两岁多的时候就表现出相对平和稳定的情绪,很少哭闹,日常总是很开心地和我们读绘本、玩游戏。可是有一天我下班后陪他玩耍时发现他很烦躁,积木倒了就要哭,玩具没玩好就气得打玩具,问他也问不出什么来,从傍晚一直到饭后,哪哪都不太对劲的样子。

因为两岁多的孩子表达能力还不是很好,我就和他一起玩游戏,拿两个形象可爱的小人,我做妈妈,他做宝宝,我来讲述妈妈一天工作的事,他来讲述自己一天玩了些什么。儿子

# 01 情绪：孩子心灵世界的地图

看上去比较感兴趣，我们就一起讲，一起表演。当他讲到跟着爷爷去了小公园的时候，我问："你在那遇见了谁？有什么好玩的呀？"儿子哇的一声哭了，然后抽抽搭搭跟我说："小哥哥不让玩水龙头。"那时，我才找到了他连续几小时不开心的源头。

这件事情记在了我的随笔中，因为我完全没有想到这么小的孩子情绪会一直闷那么久，并且在表现出来的时候完全是不相关的行为。我甚至想，如果那一天我很忙很累，看到他的这些情绪，可能下意识地就会批评他，认为他这是在没事找事。幸好那一天我留意到了，并在游戏中发现了这个问题。后来孩子慢慢长大，我才感受到其实这样的情况非常多，很值得我们家长去留意，并且教会孩子主动用语言说出自己不开心的事，而不是憋在心里。

## 5.父母的情绪诱发了孩子的情绪

父母对情绪的态度影响着孩子对情绪的态度，同样，父母的情绪也能直接影响孩子的情绪，这是因为大脑中有一种叫作"镜像神经元"的细胞，它可以像镜子一样直接复刻别人的情绪或行为，让我们下意识地生发出别人的情绪或者模仿别人的动作，因此它还被称为"大脑魔镜"，最早在20世纪末由意大利帕尔马大学首先发现。

生活中每个人都有这样的体验，看到别人打哈欠，自己也会不自觉地打哈欠；看到一个人神色凝重，我们内心也会不自觉地有些紧张。同样对孩子来说，经常看到父母情绪失控、

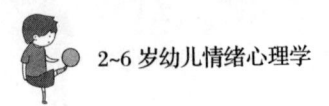

烦躁，他们也就跟着情绪不安；看到父母发脾气、吼叫，他们也很快学会了乱发脾气；而如果父母情绪相对平和，孩子通常也会相对温和冷静。当然反过来也是，当父母回到家看到孩子发脾气，也很容易被引发一些童年记忆，进而产生情绪上的波动甚至失控，而这种情绪波动对发脾气的孩子来说更是火上浇油，会让他们的情绪更加不可控。也许大人可以凭借大人的力量强制孩子，压制住他们的怒火，但孩子在这个过程中并没有学到情绪管理的方法，反而会在自己有能量之后模仿父母这些处理情绪的方法。

引发孩子情绪波动的原因有很多，我们了解了基本的情绪起因，在面对孩子的情绪问题时就会相对冷静。不要把孩子的情绪当作挑战，当作和父母对着干，任何一个孩子都不会自己愿意发脾气，自己愿意焦虑，他们的怒火和焦虑都是在诉说着自己未被培养起来的情绪管理能力、解决问题的能力以及理解他人的品质。

## 不同性格儿童的情绪有哪些外显形式

每个孩子都有丰富的情绪，这些情绪有强有弱，表现形式也不尽相同，这就需要父母们多了解自己的孩子，了解他们对情绪的表达，也了解他们因不会表达情绪而产生的一些挑战性行为。目前，人的性格划分形式非常多，有先天气质、九型人

## 01 情绪：孩子心灵世界的地图

格、性格色彩等。在这里我们结合人的天生气质来说，天生气质把人划分为乐天型、忧郁型、激进型、冷静型。著名亲子教育专家林文采博士曾说，每个人身上都具备以上四种气质，只是其中一种在我们的性格中占比最大，因而显现为我们的主导气质。所以每个人在这个气质上所表现出来的贴合度也是不完全一样的。那么这些典型的气质类型，和情绪之间又有着怎样的关系呢？

1.乐天型——情绪丰富，表达直接

从情绪特点来说，乐天型的孩子开朗乐观，因此正面情绪占主导，如开心、激动、兴奋等，他们也很擅长和别人建立良好的人际关系，因此情绪上受他人影响较大，容易因别人的开心而开心，也容易因别人的悲伤而悲伤。

从情绪表达方式来说，乐天型的孩子直抒胸臆，表达很直接，喜怒哀乐都在脸上，因此情绪来得快消失得也快，较少存在情绪累积的情况。他们很自信，受打击时也很少情绪低落或者自卑自责；他们很容易被其他的事物分散注意力；面对压力时，他们的情绪表达非常直接，经常通过大喊大叫、哭闹等来发泄压力。

从个性特点来说，他们比较喜欢享受，因此意志力比较弱，自律能力不强，在培养这些孩子良好习惯和自我管理能力时，可能会引发孩子的不良情绪，可以利用他所关注的人际关系、丰富体验来鼓励他做出改变。此外，如果他们没有得到足够的重视，也会出现小情绪，会用一些不恰当的方式来表达自

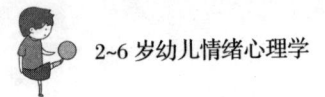

己的情绪，这也是需要父母积极做出引导的方面。

2.忧郁型——感受细腻，执着情绪

从情绪特点来说，忧郁型的孩子是既敏感又脆弱的，他能非常敏锐地感受到他人的情绪和意图，因此别人的正面情绪或负面情绪他都会下意识地感受到。乐天型的孩子是在听了别人的感受时能被影响，但忧郁型的孩子仅仅是观察他人就能体验到对方的情绪。

从情绪表达方式上来说，忧郁型的孩子容易把深深的情绪放在心里，或者把环境中的负面情绪和自己捆绑在一起。他们本身就很善于自省，但这种自省也很容易变成自责、自我否定等，周围评判的声音很容易成为他们的一种心理内耗。

从个性特点上来说，忧郁型的孩子做事情考虑比较多，同理心强，看到别人一些不好的遭遇就会下意识地为他难过，因此他比较容易吸收负面能量。如果家里父母关系不好或者周围有人情绪波动比较大，对他的影响会非常大。所以对这样的孩子，要多给他们提供积极的情绪环境，少输送负面情绪；同时要多教给这些孩子情绪疏导的方法，这比较考验父母的耐心和教育智慧。

3.激进型——自我，理性，缺乏同理心

从情绪特点来说，激进型的孩子因为目标感强，做事情时具备较强的意志力、抗压力和自律性，因此不容易受他人情绪干扰，也很少影响自己的内在情绪。

从情绪表达方式上来说，激进型的孩子因为有较强的领导天分，所以喜欢控制他人，在遇到挑战时，情绪表达很直接，暴躁易怒，缺乏同情心，也常常忽视他人的情绪。

从个性特点上来说，这些孩子不喜欢被掌控的感觉，如果父母喜欢管着孩子，很可能出现亲子冲突；另外对这类孩子要特别注意引导他们关注他人的情绪和感受，一味地关注目标可能会让他们忽视别人的感受和需求，破坏一些重要的人际关系或者道德规则。

4.冷静型——情绪平和，小心谨慎

从情绪特点上来说，冷静型的孩子情绪稳定，他们通常思维能力强，但是对情绪的感知能力较弱，有时候甚至不理解为什么别人情绪这么丰富。

从情绪表达方式上来说，他们会非常理性，有一说一，就事论事，不容易暴怒或者撒泼哭闹，因为情绪感知力的缺乏，他们常常分不清自己的情绪是哪一种，当然他们也根本不在乎。

从个性特点来说，冷静型的孩子小心谨慎，低调内敛，不希望引起别人关注，因此对于需要公开表现自己的事他们也会感到一定的压力，他们可能会认真完成，但是并不是很享受这种感觉。当他们独处时，也能自娱自乐，不会感觉到孤独。对于环境中出现的分歧，他们能管就管，解决不了的也会坦然接受，不会影响他们。

了解自己孩子的天生气质，我们就能够更好地了解孩子的基本情绪特点，根据他们的性格特点和处理情绪的基本方式进

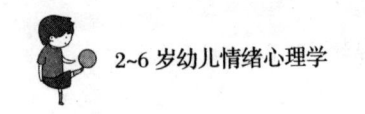

行相应的引导。我认识一个孩子是激进型的，脾气特别急躁，而且不达目的不罢休，曾有一段时间家长总想让孩子像冷静型的孩子一样温和，但很难。后来她逐渐接纳了自己孩子的性格，不再和孩子对抗，而是鼓励孩子自己尝试，亲子关系就改善了不少，孩子的对抗情绪也没有那么多了。

## 情绪如何转化为孩子的内在能量

前面我们了解了孩子的情绪发展、来源以及基本特点，其实孩子的这些情绪都与其内在能量有关，有的情绪可以给孩子充足的能量，有的情绪对孩子却是一种消耗，如何发挥积极情绪的作用？如何妥善地处理负面情绪，让负面情绪产生积极能量呢？

我们从人的内在冰山图可以看出，表露在外面的行为，受制于底层的想法、感受、内在自我。因此，不管是积极情绪还是消极情绪都能够对孩子的日常行为、身心状态产生各种各样的影响。简单来说，如果想要让这些情绪为孩子的内心补足能量，就需要我们做到以下三点：

1.善于引导孩子积累积极情绪，为孩子树立价值感

在正面管教中有一句经典名言："感觉好才能做得好。"这对小孩子来说是非常有道理的。幼儿的理性思维能力较弱，更多的是凭自己的主观感受做事。经常有老师对家长说，多鼓

励一下孩子，孩子就更愿意去做了。这就是积极的、正面的情绪在鼓舞着孩子前进。

当孩子处于积极情绪中时，一定要发自内心地和孩子分享他的喜悦，让孩子全身心感受积极情绪到来时内心的那些欢乐、激动、满足、幸福，有时候还需要给孩子表达的机会，让他充分享受积极情绪对他内心的滋养，让这些积极的能量富足地萦绕在孩子心间。平时也可以引导孩子留意那些让自己最开心的事情，记录每天的开心时刻。

当孩子情绪慢慢平静时，我们还可以帮助孩子寻找其中的价值感。如果孩子收到礼物很开心，我们可以问问孩子："你为什么这么开心啊？"鼓励孩子来讲述自己感受到的友谊。还可以说："真的好幸福啊！你和朋友互相表达祝福，享受到了友谊带来的快乐，这真是一份难忘的礼物，一份值得你珍惜的友谊。"这样既表达出了情绪，也表达出了情绪的来源是一份友谊，让孩子感受到交往中的真情实感。

2.接纳和包容消极情绪，教给孩子一些情绪疏导的方法

生活中不仅仅有积极情绪，消极情绪更能反映出孩子日常生活中遇到的一些小问题。那么消极情绪来临时，我们的第一态度是什么呢？是接纳。

尤其是一些看似无关紧要的小事，我们的第一反应可能是"至于嘛""没必要啊""怎么这么点小事就闹起来了"等。如果我们恰好也比较忙，无暇帮助孩子，心里甚至会生发出一些不耐烦，这对已经处于消极情绪中的孩子来说无异于雪上

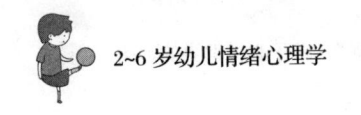

加霜。

　　对于已经深陷消极情绪的孩子来说，他需要的不是讲道理，不是评判对错，甚至不是安慰，而仅仅是"爸爸妈妈懂我，理解我的感受"，因此在这个情绪节点上，接纳孩子的情绪是非常重要的。这时，我们可以不要对孩子的情绪进行评判，他在表达愤怒和委屈时，我们可以重复他的感受，通过接纳性的语言安抚孩子内在的小怪兽。然后引导孩子认识情绪，疏导情绪。关于认识情绪，有一本很有趣的绘本叫作《我的情绪小怪兽》。看不见摸不着的情绪，常常影响着孩子，孩子却发现不了。在绘本中，情绪是一只拥有很多种颜色的小怪兽，它快乐时像太阳一样明亮，它伤心时是忧郁的蓝色，愤怒时像一团熊熊燃烧的火焰，害怕时是黑漆漆的颜色，平静时是清新的绿色，这样一来孩子们就能认识自己不同的情绪了，情绪到来时也就不那么恐慌无措了。

　　我平时帮孩子表达愤怒经常用到的绘本还有《菲菲生气了》《杰瑞的冷静太空》《妈妈我真的非常生气》，这几本书里的方法都是很值得我们学习借鉴的。

　　3.妥善疏导消极情绪，让消极情绪生发出积极的能量

　　不论我们多么不喜欢消极情绪，从内心深处来说，任何消极情绪的源头多多少少都带有一些积极的能量。一个和父母发脾气的孩子，他也很希望父母能耐心听他讲话，听他讲自己心里的期待和愿望，如果父母没有回应或者关注，反而对他忽视和否定，那么孩子就感觉受到了挑衅和对抗，怒火也就随之而

来了。

　　这时候我们要处理的不是最表面的怒火，要透过表面的情绪，来激发他深层的需求和渴望。有这样的一个意识，我们在面对孩子时就不容易被他们拖进情绪对抗的状态里去了。

　　面对那个因为父母不理解自己而发火的孩子，我们可以说："你一定有很重要的事情跟爸爸妈妈说，对吗？我们现在在听着，你愿意好好跟我们说吗？"让孩子感受到父母对自己的关注，以及父母对和孩子交流的期待，孩子更容易敞开心扉说出心里话。

　　如果我们没发现这些情绪背后的需求，仅仅把关注点放在孩子的情绪和行为上，着力点就出现了偏差，有时甚至觉得孩子是在故意找茬惹事，这就会让我们也感觉愤怒，就更加无法帮助孩子进行良好的情绪管理了。

# 02 接纳：

## 指引孩子情绪发展的一束光

　　恐惧、愤怒、羞愧、嫉妒……这些负面情绪是不是也会让你惶恐不安？它们就像躲在阴影里的小怪兽，时不时地出来打扰我们的正常生活。有些情绪，裹挟着强大的能量，让我们不敢面对，所以总想着，让它自己过去吧，过去了就好了。

　　可是孩子不一样，他们单纯、明媚，又稚嫩、脆弱，在一些复杂的情绪中，他们更容易迷失自己。所以，我们要勇敢地站出来，拉着他们的手，一起去面对那些情绪。每一种情绪里都有一个真实的自我，都有一份真实的渴望。面对它，接纳它，就找到了自己的能量之源。

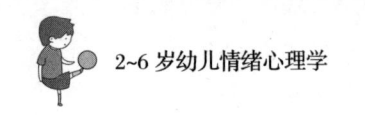

## 家长否定孩子情绪的后果有哪些

生活中，人们天生都喜欢积极情绪，家长对孩子也是如此，喜爱看到孩子身上散发出来的欢乐、活泼、可爱、惊喜等种种能量，却对孩子们遇到问题时表现出来的胆怯、愤怒、哭泣、退缩等感到束手无策，甚至是焦虑烦躁。前面我们提到过，这与父母的元情绪有关，有时候孩子的行为或情绪，打开了父母记忆的闸门，将父母拉回他们童年时那些窘迫的、痛苦的回忆中，父母们就会陷入这些情绪里无法保持原有的理性。

很多父母都有一个易爆点，看到孩子的某个行为就感到愤怒。和我交流的一个妈妈曾说，她就很害怕孩子哭，孩子一哭她就很烦躁，想吼叫，甚至想动手打人。我带她觉察记忆中有没有类似的场景，她还真的找到了。小时候她很胆小，每次哭泣时都会被爸爸呵斥，"多大点事你就哭""一天哭多少次了""怎么这么招人烦"……久而久之，她对哭泣这件事的本能反应就是呵斥与阻止。当她看到孩子哭泣时，潜意识就回到了童年哭泣时的那个场景，让自己的情绪也回到了那个无助的情形。

有的父母因为自己工作忙碌、精神压力大，无法正确引导孩子的情绪；有的父母不了解孩子情绪的发展规律，也无法引导孩子的情绪；还有的父母自己的情绪就没有处理好，面对孩

子时自然也是一团糟……由于各种各样的原因，生活中我们常常看到父母在否定孩子的情绪——

怎么这么胆小呢？不就是一个滑梯吗？大家都喜欢，怎么就你不敢？不敢玩就别玩了！

能耐了你，竟然跟爸爸妈妈乱发脾气！爸爸妈妈多辛苦你不知道吗？再乱发脾气不要你了！

哭哭哭，这么点儿事你就哭，憋回去！好好想想怎么办！

这些话从父母的角度来看都是有一定道理的，站在我们大人的角度来说，太多负面情绪是不好的，应该保持理性，用理性平和的情绪来进行沟通。但是别忘了，我们面对的是2~6岁的幼儿，他们的大脑还处于发育过程中，尤其是负责理性、思考、道德感等高级思维的"理性脑"并没有发育成熟，所以很多时候他们的情绪都是本能反应，这是不受他们理性控制的。在他们遇到难题时，感觉困扰、无助、恐慌时，因为年龄小、缺乏足够的认知能力和解决问题的能力，会呈现出种种负面情绪。

从这个维度来说，孩子的每一种负面情绪都是在表达内心的想法与诉求——

胆小的孩子可能在说："爸爸妈妈，请帮帮我，给我支持，让我有勇气去滑滑梯。"

发脾气的孩子可能在说："爸爸妈妈，我太生气了，你们不理解我，请你们帮帮我，我很生气又不知道该怎么办。"

哭泣的孩子也许在说："爸爸妈妈，我很难过，我需要用

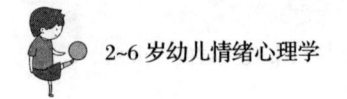

哭泣来发泄一下。"

很显然，小孩子根本无法说出这些话，但是我们可以借助儿童心理学、借助儿童情绪发展的规律，来解读孩子情绪背后的需求。如果在孩子需要帮助的这些时刻，父母否定、批评孩子的情绪，很可能会带来这样一些后果：

1.阻碍孩子的情绪表达，造成孩子的情绪累积

父母在引导孩子进行情绪管理之前，需要对情绪有客观的认知。情绪虽然是主观产生的，但是在客观上自然流动的。任何情绪都有产生、发展、消退的过程。如果孩子出现了情绪，我们没有进行良好的解决和疏导，孩子的情绪表达受到阻碍，就很容易憋在心里，影响孩子的方方面面。

在入园期，经常有父母跟我说孩子抵触幼儿园，从幼儿园回来之后会特别黏人，特别难哄。其实这也是因为孩子用自己的全部能量去应对幼儿园的新鲜事物，回到家中时情绪能量已经不是那么充足了，在父母前面才放心地表达自己的恐惧和依赖，把积攒了一天的情绪向父母表达出来。我有个闺蜜做得非常好，她说虽然每次下班回家也非常累，但是看到孩子一天12小时见不到妈妈，通过黏人、哭泣等方式来发泄自己，她感受着孩子的情绪是流动的，从不安逐渐平复下来，她也感觉到了自己耐心陪伴的意义。

2.给孩子错误的示范，孩子无法学习正确的情绪管理方法

父母对孩子情绪的处理，也让孩子知道了如何处理自己的情绪。如果我们不让孩子正确表达情绪，否定了孩子的情绪，

久而久之，孩子也会这样对待自己的情绪，甚至也这样对待身边好朋友的情绪。

我常带孩子出去玩，有一次看到有个孩子哭了，身边一群小伙伴安慰他："别哭了。""我们一起玩吧。""我去找爸爸妈妈帮忙。"也有的孩子会说："哭有什么用？小哭包！"

最后这句话无疑给这个哭泣的孩子带来更大的心理压力。而对说出这句话的孩子来说，他一定也是这样来看待自己和他人哭泣这个行为的，他不懂得使用更好的解决办法和表达方式。而这，正是为人父母的我们，需要在各种复杂、让人烦躁的负面情绪中，和孩子一点一滴体验、觉察并进行表达和疏导。

3.孩子的需求得不到满足，会在心理上埋下隐患

这个问题是非常常见的，尤其是激进型的孩子，目标感强，被父母否定了情绪之后心里会很不服气，再遇到类似的问题可能会变本加厉地渴望父母的理解。因为他们内心对父母还抱有期待，内心渴望父母看到自己的需求，看到自己的表达。

而另一种性格忧郁型的孩子，可能真的会把这些负面情绪埋藏在自己的身体里，埋进自己的心底。下次也许还是不由自主出现一些情绪，但内心的压力也会越来越大。这就是为什么网上经常说不要培养"乖孩子"，"乖孩子"可能会出大问题，因为"乖巧听话"的背后，很可能是孩子确定别人不会包容他的差错，很可能是知道自己如果不乖巧就不配得到别人的

爱。他们可能会压抑自己的情绪，可能会故意做出乖巧的样子，也可能完全丧失自我，服从家长的一切安排。而这样的身心状态对孩子长远发展来说是极其危险的，当孩子处于无能为力的境地时，可能会诱发绝望、崩溃、抑郁等极端情绪和相关的极端行为。

4.孩子觉得父母不理解自己，影响亲子关系和亲子沟通

父母和孩子密切的亲子关系是建立在无条件的爱、接纳、尊重、理解等基础上的。林文采博士就曾在书中写道，孩子在0~6岁最需要的心理营养是：无条件的接纳；此时此刻，在你的生命中，我最重要；安全感；肯定、赞美、认同；学习、认知、模范。可以说，这五大心理营养是每个生命得以健康茁壮成长所需要的基本养料。

而如果缺失这些心理营养，父母对孩子的情绪是一种否定的、漠然的态度，孩子在情绪激烈时得不到父母的帮助和理解，那么孩子的内心就仿佛一座孤岛，可能会感到疏离、情感淡漠、孤独、不被爱等。孩子通过父母的行为推测父母的情感，当父母没有很好地理解自己时，孩子也会猜测自己的爸爸妈妈到底爱不爱自己。如果反复出现这种情况，就会严重影响亲子关系的建立。

5.无法引导孩子觉察自己的情绪，影响孩子自我认知能力的提升

如果父母一直否定孩子的情绪，最直接的影响就是孩子也会下意识地感到迷茫：为什么我这么难受别人却完全感受不

到？为什么我很害怕，我很难过，爸爸妈妈却觉得这无所谓？孩子的情绪表达是一个良好的机会，抓住这个机会我们可以培养孩子情绪认知和管理能力，可如果孩子在表达情绪时受到了阻碍，这个机会就会白白流逝，孩子对情绪的认知和管理得不到科学有效的引导，也会引起一些行为上的问题。

有的孩子可能很早就出现和父母对着干的情况，他分辨不出自己的情绪是什么、从哪里来，他感觉不开心了就会向周围的人发脾气；还有的孩子表达不出来，有情绪了就会封闭自己或者退缩，不敢走出自己的世界……作为家长要细心感受孩子的情绪和日常行为，适时给孩子提供必要的帮助。

## 如何梳理孩子的情绪脉络

好好和朋友玩着玩具，孩子突然毫无理由就哭闹起来。

不过是说暂时不买玩具，又不是一直不买，孩子就躺在地上打滚。

因为和爸爸妈妈意见不一致，孩子在公共场合就蛮不讲理地吼叫，引来别人纷纷侧目。

孩子吃了很多零食还要继续吃，完全不顾规则，非要和父母对着干……

这些行为都是在生活中让父母倍感头痛的，这些是乱发脾气、无理取闹吗？是孩子故意和父母对着干吗？

在孩子的世界，任何事情都不是小事。对于认知能力和解决问题能力都比较弱的小孩子而言，再小的事在他们眼中都非常重要。所以我常说，我们在看待孩子的问题时，要把自己想象成孩子那样弱小，那样的年龄和身体，再来思考面对这种情况时他会怎么应对，他能够怎么应对。通常情况下，我会给大家几个问题来梳理孩子的情绪：

孩子的情绪是什么？从哪里来？

他想要表达怎样的需求？他是否会准确表达？

他对外部规则的理解是怎样的？

对于内在需求和外部现实的矛盾，他有怎样的解决办法？

他是否知道情绪到来时可以怎样表达？

他是否知道问题还有多种解决办法？

他是否知道他是安全的，父母是理解他的，是一定可以帮助到他的？

我举一个例子，前段时间我约了儿子的好朋友们一起到家里玩，一起聚餐，还准备一起去听音乐会。但是很不巧的是那天天气很冷，儿子的鼻炎有点发作的迹象，容易出现鼻腔分泌物倒流，影响睡眠。音乐会现场很冷，而且人员密集，我不建议孩子去。在这件事情中我们可以这样来梳理：

孩子的情绪是失落的，因为不能和朋友们一起去听音乐会。

他希望能够和大家一起去听，一起享受视听盛宴。他可以用语言直接表达出来。

但他也知道鼻炎发作时不能去人员密集的地方，容易加重炎症，有一次甚至不得不住院输液来治疗。

对内在需求和外部现实的矛盾，他自己没有什么解决办法，在我启发之后，他想出可以赶快吃消炎药，等他好了我再带他去听下一场。然后我还提供给他几个可行性方案，一是在家里听一会儿电视上的音乐会或者看他喜欢的书；二是等天气好些，再约小伙伴们一起玩。这些在之前我们都有过类似的安排，孩子知道我很守信，因此对这个方案还比较满意。

他知道情绪的基本表达方法，会很直接地告诉我同意或者不同意。

他也很清楚不参加这一次音乐会没有太大的影响，他还有很多有趣的活动可以去做。

还有重要的一点，他知道我不会故意蛮不讲理、阻拦他去，我会尽量从他的需求出发，和他一起想办法，解决他面对的困境。

这是比较顺利的一次引导，当然也是因为孩子现在6周岁，情绪管理能力也较强。在他三四岁的时候也出现过一些不那么顺利的情况，那时候他的表达没那么好，对于一些问题的解决心里也没有底，情绪持续的时间就比较长。

那一次是他在排队等着和别人一起玩乐高积木搭建的高塔，但是轮到他的时候，有个小朋友把高塔一下推倒了，不能玩了，关键是那一次我因为在和老师聊天，没注意到事情是怎么发生的。

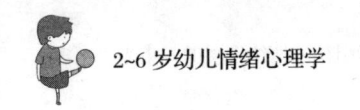

孩子的情绪是什么？从哪里来？——很难过、很生气，耐心排了很久的队，轮到他时乐高不能玩了。

他想要表达怎样的需求？他是否准确表达？——他很想要继续玩，但是情绪上来了，让他不知道怎么表达，就一边修复乐高一边哭。

他对外部规则的理解是怎样的？——玩玩具应该要排队，但是他不理解排到自己时为什么有孩子把乐高推倒，以及他怎么样可以顺利地玩。这个问题对他来说太难了。

对于内在需求和外部现实的矛盾，他有怎样的解决办法？——哭泣是他的本能反应；然后他自己捡起乐高的散块，准备重新搭建，但是因为太复杂，并没有明显的效果，他急得哭了。

他是否知道情绪到来时可以怎样表达？——那时候他还不能很自然、很顺畅地表达情绪，也可能看到我在忙别的事情就没过来向我求助。

他是否知道问题还有多种解决办法？——他可能知道，但是他做不到，需要帮忙。

他是否知道他是安全的，父母是理解他的，是一定可以帮助到他的？——因为我没有及时去帮他，导致他感觉不到安全感，也并不确定父母是否能帮助到他。

幸亏他好朋友的妈妈注意到孩子似乎不开心，在低头搭乐高，我赶紧过去一看，孩子已经满脸泪水了。我感觉既羞愧又心疼，同时心里也在想你怎么不大声告诉妈妈呢？这样我就能

及时过来帮你了呀！但很显然，每个孩子情绪的表达方式和成长节奏都不同，我们需要多观察多留意，才能适时给孩子提供帮助。

## 孩子是在乱发脾气吗

很多孩子会给家长这样的感觉：动不动就乱发脾气，为一点点小事就很计较，情绪崩溃。大人看到孩子这些表现心里也忍不住吐槽：这孩子怎么又乱发脾气？就不能消停一会吗？其实这个时刻，是一个成长的重要时机，父母和孩子都面临着重要的情绪管理问题。

我们先要弄清楚，发脾气对孩子来说意味着什么？这也分两种情况。

一种情况是孩子无意识地发脾气，他真的被激怒了或者他感觉受到了威胁和挑战，下意识地大脑就处于失控的状态，无法用理性进行思考，这时候的发脾气是比较纯粹的情绪管理问题；另一种情况是孩子有意识地发脾气，他可能觉得只有发脾气才能实现自己和父母的沟通，才能解决他遇到的难题，那么这个问题就是亲子沟通的方式方法问题。但不管是前者还是后者，孩子都是有意或无意地用这样的方式来表达自己。通常可能表达这些意思：

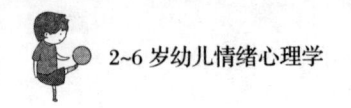

1.感到不被理解：我说了好几遍了，你为什么就是不懂我的意思

这是我女儿和她爸爸之间曾发生过的一件小事。女儿很想给爸爸表演一个节目，四五岁的小女孩，想法很多，一会要假装有个舞台，一会要假装有什么道具，一会说自己害羞的时候爸爸要鼓掌，一会说自己开始表演的时候大家不要出声音，要认真倾听……怎么说呢，要求太多，总有大家跟不上的时候。因为她表演的时间有点长，我们就忍不住小声讨论起她的演技和神态。

于是，双手掐腰，白眼一翻，这小姑娘就开始了生气，控诉，拒绝演出。我们一开始没太在意，感觉她好可爱，她大概也发现我们没太在意她的感受，发出了很大声的"哼！"并且大哭起来。

有人说做父母就是不容易，我们可真是深有体会。我们正很开心地觉得她很擅长表演，可可爱爱的样子，她一个闷雷打下来，让我们措手不及。我也赶紧反思并且肯定她的感受和愿望："你希望爸爸妈妈都认真看你的表演对吗？可是我们却小声讨论起来，让你感觉很难过，对不对？"从肯定孩子的情绪出发，再加上我们也和她表达了对她节目的喜爱，慢慢她就冷静下来，知道我们的讨论不是故意忽视她。后来我们还约定，等到表演结束后再讨论。

2.需求得不到满足的崩溃：我那么喜欢，你为什么不给我

这类情绪通常出现在买玩具、买零食、看电视等时候。由

于小孩子的大脑发育并不完善，理性思维能力还没有很好地建立起来，他们并不懂得把控自己的需求，他需要了、他喜欢了就想立刻得到，这是再正常不过的事情。如果遭到拒绝，他们就很容易出现情绪崩溃、难过哭闹等情况。

我儿子5岁以后就很少因为这些事情而情绪不安，因为他有足够的判断力，他知道每个月买玩具的约定，知道如果本月的机会用完了他可以等下一个月；他也知道即使这次买不到，我们还可以有很多方法来代替，乐趣并不比那个玩具小；他更知道，我们之间解决问题，从来都可以好好商量，不需要大吵大闹，他想要的东西在符合我们实际的情况下，我们会满足他，但也绝不会为了满足他而奢侈浪费。

当时妹妹3岁，因为年龄小，一些不适合买的东西，我会有意识地在逛街时避开这个区域，并且我非常了解她的爱好，知道她想买的东西是什么，我们会提前约定好什么时候买、买多少。有了合理的约定做前提，基本就不会出现现场失控的场景。

3.不知道如何解决问题的无措：我不喜欢这样子，可是我不知道该怎么办

这种情况通常是大人没有找到孩子崩溃的关键原因，而孩子也不知道该怎么表达，就会手足无措甚至崩溃，无法进行理性的思考和沟通。前面分享的我儿子在和朋友玩积木的例子就是这一种，他感觉难过，感觉这样是不对的，但是他不知道该怎么办，就哭了。

还有一些更小一点的孩子，在遇到陌生人来家里的时候也会出现这种情况。陌生人给他带来一些不安全感和不确定感，或者他们的样子、说法方式是孩子所不熟悉的，他们不想亲近这些陌生人，但往往大人又很想对孩子表达喜爱，这就导致陌生人亲近或者拥抱时，小孩子就被吓得哇哇大哭。

其实这背后的情绪只是孩子对陌生人的不适应，他需要一个熟悉的过程，而不是有些大人理解的不欢迎、不喜欢或者不给面子等。我们大人要读懂孩子情绪背后的原因，才能真正走进孩子的内心，让孩子知道我们理解他们，始终支持和帮助他们，这样他们对父母就会更加信任。

爱与信任，是亲子之间坚韧的纽带。有些孩子长大了不喜欢和父母沟通，或者遇到问题了经常憋在心里，说到底还是对父母无法完全信任和敞开。为人父母，也要多一份智慧，做孩子的避风港，才能给孩子更多的自信与底气。

以上是我们对孩子发脾气的解读，而对家长来说，如果我们下意识觉得孩子在乱发脾气，其实我们也是在表达我们的一些内在感受和需求。大部分内省的父母很容易在批评孩子之后感到惭愧、后悔，可是下一次又控制不住自己，其实在这背后，可能隐藏着这样一些情况：

1.当我们开始不理解孩子的行为，可能是我们处于能量缺失或者认知缺失的状态

这一点我深有体会，如果日常生活中的我状态较好，并且一直保持读书学习，了解孩子的行为和心理等，在孩子出现

一些挑战行为时，我就不会感觉厌烦，而是感觉好奇并充满耐心。我甚至会看到孩子就像书中写的那样，在用自己的"坏行为"表达内心的不满，而我通过引导孩子表达内在的感受，而不是从表面上制止孩子的行为，得到了比较好的引导效果。这时候我感觉帮助到了孩子，并且自己也是个理性、平和、有智慧的妈妈，就会很有成就感。

前段时间我们去奶奶家，儿子想要练习跳绳，因为室外很冷，我们就在室内跳，可是室内堆了一些东西，导致空间很小，孩子明明可以连续跳几十个，结果却跳了十几个甚至几个就跳不过去了。一开始他感觉有点烦躁，慢慢开始泄气，最后气得将绳子摔在了地上。于是我们进行了下面的对话：

你感觉有些生气是吗？

太气人了，这里根本没法跳！

对啊，而且跳绳是你每天都要完成的小任务，你肯定很着急去完成。

根本没法完成！

今天时间是有点晚，而且白天因为招待客人、和朋友玩，我们没有很好地规划时间。你想怎么办呢？

不想跳了。

也许可以换个时间？换个地方？

明天我们去操场跳可以吗？我把今天没跳完的一块跳完。我现在很厉害，一天跳100个很容易完成。

可以呀！那我们就说定了！

当时交流很流畅，孩子和我都是很平和的状态。可是没过多久，又出现了一次类似的事情，是孩子需要学英语的时候，却有点畏难情绪，迟迟不想去学。

那是个周末，而我却还在加班，单位里的人和事都有些难以协调，情绪不知不觉就累积起来。而且平时孩子们看到我写稿或者工作，他们都是安静地看书、画画或者玩玩具，很少大吵大闹，可这一次大概孩子对英语实在是有些抵触，所以就各种不配合："我再玩一小会儿，我现在不想学英语，我想继续下围棋……"

"你在吵什么？没看到妈妈在工作吗？不想学就别学了！"

我大嗓门地吼完这一句，房间顿时安静了，同时我感觉我的情绪更加不好了，之前只是烦躁，现在烦躁之外还增添了惭愧、无奈的感觉。

其实孩子的这些行为都是正常的，他们也有自己的倦怠，他们的自律能力也需要逐渐培养，并不是一下就那么顺畅地建立起来。而且因为我们自身的一些问题，无法在他们有困难的时候提供恰当的帮助，这也导致了我和他的情绪状态都有些糟糕。本书后面大量的篇幅就是告诉家长如何在自己情绪不稳的时刻，调整好自己，用科学的方法来给孩子提供必要的帮助。

2.我们的元情绪被刺激到，勾起了深埋在潜意识中的坏情绪

当孩子的一些行为让我们莫名愤怒和情绪失控时，往往可

能是他们的做法勾起了我们沉睡的记忆，在记忆深处，也许我们也有过类似的场景和记忆，得到了非常不好的体验，久而久之就被我们压在心里，成为潜意识的一部分。但是这一部分依然没有得到看见和疗愈，所以它会时不时地跳出来影响我们的正常生活。

举个例子，有位家长小时候每次哭都会被父母批评，说她没用，于是她就不敢在父母面前哭，总是展示出自己坚强而冷静的一面。可是后来她做了妈妈，每次看到孩子哭就想起自己的经历，很希望自己的孩子能够顺畅地哭出来，别憋着。可是在她的记忆深处没有这种做法的参考，她下意识地就脱口而出："哭什么哭？哭有什么用？"她突然发现这不就是小时候爸爸对她说的话吗？她很惊恐，明明自己讨厌这些话，为什么却又这么顺畅地对自己的孩子吼出来？

这就有潜意识的影响。这些印象深刻的语言、表情、动作，其实始终存在于我们心底。它们在我们遇到类似情境的时候，就会借助元情绪"复活"，在我们的生活中重现，影响我们和孩子良好亲子关系的建立。

这需要我们不断学习、觉察以及采用恰当的方法调整。有人说，看见是疗愈的开始。当我们发现自己有类似情况时，已经比我们无意识地去吼孩子，前进了一大步。

3.我们的教育理念和教育能力需要得到不断提升

现在社会已经和我们童年成长的环境有了很大的不同，所以我们上一辈的教育方式方法有一部分是不适合我们教育下一代的。我们无法用过去的老方法，去教新时代的孩子。当然，这其中有一部分需要我们传承，如善良、真诚、坚定、自律这些良好的品格，还有分享、礼貌这些好的行为，但是在传承的方法上，除了说教，除了奖惩，还有更多符合孩子身心发展规律的方式方法需要我们不断学习，如从接纳孩子情绪出发，来调整孩子行为；从理解孩子的认知能力出发，鼓励孩子再进一步；和孩子确定原则时，可以不用大吼大叫，而是保持理性温和；学习和成长可以不必很痛苦，我们可以寻找一些更容易调动孩子积极性的趣味活动等。

有人说，让孩子赢在起跑线，不是拼命内卷，折腾我们的孩子，父母的价值观、视野格局、品行修养才是孩子的起跑线，决定了孩子从哪里开始跑、怎么跑以及跑向哪里。

2022年1月1日，《中华人民共和国家庭教育促进法》正式实施，我们正式进入官方带队、依法养孩子的时代。作为父母，在情绪管理方面，我们更要有科学的方法，去呵护那一颗小小的童心，让它健康茁壮，让它能量满满。

## 家长有情绪，正是示范引导的好时机

很多人都说，当自己陷入负面情绪时尽量不要对孩子进行教育，因为愤怒和无意义的情绪发泄，会造成更大的危害。但我们在做，孩子在看，家长有情绪时，恰恰是示范和引导孩

子进行情绪管理的良好时机。因此我们如果觉得自己对孩子不耐烦或者愤怒、失望，这时候千万不要去指责孩子，批评孩子，这样的状态下纠正孩子的行为很容易说出一些伤害性或者侮辱性的话，因为每个人在被负面情绪控制时，都是缺乏理性的。我们可以想一想我们带着情绪进行的那些所谓的"教育"：

你看看人家都愿意分享，怎么就你这么小气？

不过是个玩具有什么可怕的？它还能吃了你吗？

怎么生了你这么个捣蛋鬼？真是太烦人了！赶紧走开！

你还敢不敢了？再敢这样就不要你了！

就知道哭哭哭，还会不会说话了？

这些话看似有教育的成分，但留心觉察我们会发现其中大部分是情绪的发泄，是怒火的释放。在我们的情绪被诱发时，大脑会感觉受到攻击，下意识会做出防备、抵御或者退缩的反应，对待小孩子我们是不会害怕的，因此不会退缩，因此绝大多数情况下我们会倾向于抵御和攻击。于是就会通过一些不理性的语言否定孩子、通过对比打压孩子、通过讽刺来表达自己的愤怒、通过情绪的强大能量去批评孩子的错误行为……

我们甚至常常以为这是教育，其实这只是披着教育外衣的情绪发泄。其实这时候父母有个更好的选择，放下对孩子错误的执着，先来调整自己的情绪，照顾好自己的内心，同时给孩子一个良好的示范。具体应该怎么做呢？

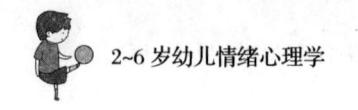

1.可以向孩子表达我们的情绪

我有时上班遇到不顺心的事,回家后担心自己对孩子缺乏耐心,就会提前告诉他们:妈妈今天工作有点累,心情也不太好,我需要先去书房里看会书。你们也可以先去做自己喜欢的事。这样孩子就能从我们话中了解到我们的心情以及我们的调整方法。

我们还可以把自己的情绪描述得更准确一点。例如,我心情不好是因为别人推卸责任,单位临时安排给我一些其他的任务。我原本就一直在忙没有休息,看到这些额外的任务,感觉更焦虑了。而且这一部分工作是属于其他部门的,我根本不熟悉,做起来也很困难,我也发愁该怎么做,也在担心做不好。这种种的劳累、焦虑、困难、担忧累积在我心里,让我觉得特别沉重。

如果是因为孩子产生了情绪那就更好表达了:你注意到你这个"遥"字走之旁的平捺写得有点不规范,另一个字的横写得有点歪,而且这种情况在这一周已经出现三次了,我很担心你这样写下去会成为一种书写习惯,很难纠正。我想我们应该一起回顾一下我们关于写字的规则是什么。

我们会发现这几种表述的思路都是先讲事实,再讲出我们的感受,而且事实都是很客观的,而不是"你整天不认真写字,气死我了"这种主观性的话语。我们需要通过讲述把自己的情绪相对客观地表达出来。孩子也在这个过程中看到妈妈在表达自己的情绪以及寻找情绪的来源。

**2.要学会放松自己，通过良好的方式调节情绪**

任何人在带着情绪的时候做事的质量和效率都会受到影响，所以我们要寻找能够让自己快速恢复能量的方法，比如看一会儿书，吃一点儿东西，和自己信任的人吐槽一番。如果你没找到类似的方法，需要结合自己的喜好找一找，也许是一杯温热的咖啡，也许是一块香甜的巧克力，或者是仰望天空时的放松，正念冥想的平静，抑或是阅读带来的平和，幽默段子带来的趣味，以及和亲密的朋友吐槽之后的释然。

我甚至建议大家把这些能平静下来的好方法记录下来，在每次遭遇情绪危机的时候拿出来看一看，找找安抚情绪的思路，这对自己稳定情绪、恢复能量来说都是很有必要的。

**3.要真正去面对问题、解决问题**

任何问题的解决都不是靠蛮力，无论是情绪问题，还是亲子教育问题。当我们觉得问题难以解决时，要记得寻找新思路，设定小目标，逐个击破。上文提到的写字问题，我们就可以和孩子一起回顾写字的规则是什么，让孩子对写字这个事情负责，然后启发孩子：

接下来你想要怎么做？（想要改正。）

你想先改哪个字的哪个笔画？怎么去写会比现在更规范、更美观呢？（孩子会认真思考这个问题。）

哇，我发现这次的书写确实比刚刚好了，你还能再这样认真地写另一个字吗？（鼓励孩子，启发他进一步行动。）

这样做确实比吼一嗓子浪费时间，看上去效果可能还不如大吼大叫见效。但是这样做的目的是让孩子逐步掌握主动权，让他主动去了解写字的规范，以及通过自己的观察和尝试让自己写得更好，而且在写好之后我给出了正向的反馈，会让孩子感觉到成就感。这些都是"吼一嗓子"无法达成的。

我们在解决问题的时候不要把目光放在是不是立竿见影、是不是孩子能立刻改正行为上，而是要关注孩子内心的感受是什么，基于这个感受他的动机和行为是什么，他有没有得到鼓舞，他的内心有没有慢慢滋长出一份内驱力。这些是我们在解决问题时要考虑的关键。

4.我们在处理情绪问题时，孩子也在跟着我们学习

经常有父母跟我说，我们家谁谁谁特别能发火，脾气暴躁，孩子也这样，该怎么办呢？情绪是互相影响和传染的，处理情绪的方式方法也是可以被效仿、被传染的。大人如果对待情绪的方式是简单粗暴、一点就炸、随意发泄，孩子也可能会习得这样的方法，或者被大人的这些方式震慑到而不敢发泄，就把情绪全部深埋在心底，成为童年里一份灰暗的记忆。不幸的童年要用一生疗愈，正是因为有了这些人们看不见的伤害、自己看不到的情绪压力，长久以来一直压制着孩子的内心，不断发酵，成为阻碍他们成长的桎梏。而且在他们长大后，遇到类似的情境，这些情绪压力还会时不时地跳出来干扰孩子的心灵，影响他们的正常生活，这是一个漫长而严重的心理问题。

如何给孩子自由而健康的心灵？让他们拥有平和、顺畅而

稳定的情绪？这些需要我们慢慢去尝试、去示范。也许这个过程中我们也有情绪失控的时候，但是没关系，孩子会看到真实的我们，也能看到我们在友好地与情绪相处，理性地表达和解决问题，这些都是孩子一生宝贵的财富。

## 这样做，才能让孩子感到情绪被接纳

如果把孩子的内心比作广阔的天空，那么情绪就是多变的天气。不管天气是暴风骤雨，还是阴霾万里，天空依然安然无恙。我们应当有这样一个意识，情绪不会伤害到孩子，真正伤害到孩子的是对情绪的处理以及对情绪背后事件的处理。作为父母，怎么做才能接纳孩子的情绪、让情绪自然地流淌呢？我们可以从以下三个方面入手：

1.站在孩子的角度，和孩子共情，理解孩子的感受

这是拉近我们和孩子心灵距离的第一步。也许在我们看来，被别人拿走玩具并不是多大的事，黑黑的房间也并不是多可怕的地方，但对有些孩子来说，这些感受都是真实存在的。

"你看看别人都敢爬上滑梯，多勇敢啊，你怎么就不敢呢？"就好像别人都会的事，我们还不会，就是不应该的，就是错误的，我们必须要会、要勇敢起来，才能破除这个"不如他人"的魔咒。这是一部分家长解决问题的思路。但这个思路对孩子来说难度太大，他们的能力往往不足以撑起他们的羞愧

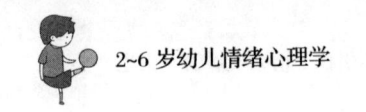

之心，即使他们感到惭愧、不如人，尽管他们也可能被激发了斗志，可是能力的不足让他们无法采取进一步行动。

如何让这些在情绪中的孩子前进一步呢？我们可以试试家长们"轻推"的力量，这是《游戏力》中常用的一种方法，从接纳孩子的情绪开始：

宝贝，妈妈知道你也很想滑滑梯，但是你有点害怕对吗？你在害怕什么呢？（肯定孩子的情绪，表达情绪的来源。）

哦，你是觉得这里有点高，那么需要妈妈帮助你吗？（帮助孩子解决问题。）

没问题，妈妈拉着你的手，你上去试试看看。或者是嗯，如果你现在还没有准备好也没关系，你想继续在这里准备一下，还是先去玩玩别的呢？（进一步实施解决办法。）

我女儿就是一个又想挑战又不太敢的孩子，所以小时候滑滑梯，前几次都需要我拉着她的手，直到她在滑梯最高处我要够不到她了，她才松开手，感受"哧溜"滑下来的乐趣。这样玩几次之后她就可以跟着哥哥一起玩了，到后来她就可以自如地滑滑梯了。

在这个过程中，我清晰地感受到她从"我害怕"到"妈妈陪着我，不用担心"，再到"哥哥和我一起滑，我不害怕"，最后到"我能自己滑滑梯，我很棒"，这样一个心理成长过程，正是她对害怕这个情绪从看见、接纳到解决问题、走向勇敢的过程。

**2.鼓励孩子表达感受，让孩子觉察自己的情绪**

日常生活中，我们要多和孩子一起表达感受。比如我和孩子们有个习惯就是记录自己的开心事件，这些开心事件可能源于自己的好运，可能源于收到了小礼物，也可能是自己付出获得了成就感，总之这些能量满满的事件为孩子们储存了非常多的正面情绪，每次他们翻开来都会感觉开心和幸福。这样做还有一个好处就是孩子们更加了解自己的情绪，知道自己在什么时候是开心的，知道自己的需求是什么。

对于负面情绪，我们也可以通过一些小窍门来觉察，首先是给自己的坏情绪取个名字，小怪兽也好，不敢说话的小老鼠也好，让孩子了解自己心里这种抽象的主观的情绪感受。

前些天带女儿去给奶奶过生日，临近过年，她提前想好了祝福的话，包括祝福奶奶生日快乐，还包括提前祝大家新年快乐等。这个5周岁的小姑娘打扮得漂漂亮亮，在哥哥说完祝福的话之后终于迎来了自己的发言时刻，显然她有些兴奋，也很期待，她端着盛满果汁的高脚杯，微笑着环视一桌这18个人（没错，我们四世同堂，是个大家庭），她说：祝奶奶生日快乐……到这里突然就卡住了！然后感觉自己卡住的小姑娘，把脖子一缩，再也不肯说话了。

情急之下为了能让她把话说圆满，我就提示着她说完了。回家以后我和她聊了聊这件事。

欣欣，你当时是什么感受呀？

我看到好多好多别人家的人，只有几个是我们自己家的

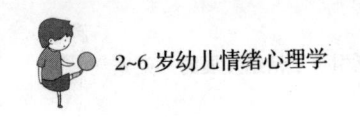

人，我就感觉有点害羞。

哦，要是我看到很多很久不见的人，我也会有点害羞。你觉得害羞是什么样子的呀？

像一个红色的大怪兽。

你觉得害羞想要对你说什么话呢？

它好像一阵大风发出"呜呜"的声音，我就不敢说话了。

那你最后又是怎么战胜它把祝福语说完的呢？

因为妈妈你陪着我呀！我就敢说话啦！

孩子的这些感受也常常鼓励我，在我每一个想要发火或者制止她情绪的时候，提示着我还有更好的选择，可以让我们愉快地接纳情绪。

3.任何情绪都可以被接纳，不被接纳的仅仅是那些不符合规则的行为

很多时候我们不喜欢孩子哭闹发脾气，除了因为我们的情绪容易被激发之外，还有一个重要的原因是孩子发脾气时往往因为不善于管理情绪，会做出一些挑战性的行为。

孩子在家里哭闹，大家可能觉得还能接受，可是在公共场所撒泼打滚影响他人，这点我们就需要在孩子心情平复以后和孩子进行沟通，让他知道这样做可能产生的后果；大人拒绝了孩子，孩子可能会愤怒，愤怒的情绪我们是要接纳的，但是如果孩子动手打大人或者说出一些不礼貌的话，这样表达愤怒的方式是不恰当的，我们需要先接纳孩子的愤怒，在解决情绪问题之后再来沟通和解决行为问题。

很多父母在这些问题出现时会比较着急，总是想制止孩子这样的行为，让孩子迅速平静下来。但是按照情绪的发展特点，如果我们不接纳孩子的情绪，孩子很难冷静下来，强制冷静下来也会导致一些情绪的压制和累积。因此我们要先从接纳开始，帮助孩子在平和的状态下掌握情绪管理的方法，了解日常生活中的一些规则，帮助他们培养良好的情商和解决问题的能力。当然，在一些特殊时刻，如果需要孩子迅速冷静，我们可以一边安抚孩子一边将他带离现场，这样给我们和孩子一个相对独立的空间，更容易冷静下来。

## 家长接纳孩子情绪时容易出现的几个误区

我们了解了孩子的情绪是主观的，是自然流动的，所有的情绪都可以被接纳，但在接纳孩子的情绪时有几个容易出现的误区值得我们特别注意。

1.接纳孩子的情绪，不意味着要和孩子一起沉浸在情绪中

陪孩子上早教课的时候，我曾遇到这样一件事，有个孩子在和小朋友玩的时候，被别的孩子推了一下，孩子看上去有点懵，也有点不开心，但她显然还想继续玩。她妈妈立刻发现了孩子的情绪不对，很生气地对那个孩子说："你为什么推我们？你要跟我们道歉！"

对方也只是个2岁多的孩子，听了这个妈妈的话，哇的一

声就哭了，两个家长为此吵了起来，我们和老师赶紧安抚好她们。随后，第一个妈妈一直对自己的宝宝说："太气人了，凭什么欺负我们？再也不跟这种人玩了！"那个被推了一下的小朋友也感受到妈妈的气愤，很生气地瞪着另一个孩子。

这个妈妈对孩子非常疼爱，在孩子的社交中立刻就发现了问题，并且及时站到了自己孩子这一边，这一点非常关键！妈妈鲜明的立场能够给予孩子强大的安全感。但是有一点她做得不太好，就是在接纳孩子情绪的时候，自己也陷入情绪中，陪着孩子一起生气一起难过，而并没有引导孩子将这份情绪表达和发泄出来，同时，她也没有用理性的方法来解决好现实生活中的问题。因此孩子在情绪管理和解决问题这方面并没有习得科学的方法。

如果我们仅仅是和孩子一起抱怨、一起指责，这样的接纳还不够。真正的接纳是怀着同理心，给孩子正面积极的能量，而不是让孩子在情绪的泥淖中越陷越深。

2.接纳孩子的情绪，不能没有原则，对孩子的不当行为视而不见

这一点相信很多父母深有感触，这也是大部分父母不想接纳孩子情绪的原因，总担心接纳了孩子的情绪就会误导孩子，会溺爱孩子。其实接纳孩子的情绪，与为孩子的行为设定界限，是两个层面的事，并不冲突。

举个常见的例子，很多孩子在生气的时候会摔东西或者扔东西，我儿子也这样。但有时候把玩具扔到地上不安全又容

易损坏玩具,我就使用了正面管教中"选择轮"法,和他交流了"生气时可以扔什么"的问题。在大家彼此心情平和时交流真的非常有效果,他想到了很多可以实施的方案,如扔一片废纸,把玩偶扔到床上,把球扔到院子里等。我们还讨论了扔玩具可能会产生什么后果。因此孩子心中就有了明确的选择,后来在他生气时就下意识地选择那些他觉得合适的发泄方法,生气扔玩具的问题也就这样顺利解决了。

当然这种是比较容易引导的,有时孩子怒火非常强烈,对于愤怒的对象充满了攻击性,就会采取打人、骂人等方式来发泄情绪。我们还看过一本绘本叫作《妈妈我真的很生气》,里面的小男孩生气时扔玩具,并且用火车头打了弟弟,这时候妈妈就引导他正确表达自己的愤怒,还把小男孩扔掉的玩具放到了反省箱里。妈妈还告诉小男孩,生气时说出来是需要练习的,还可以寻求爸爸妈妈的帮助。短短的小故事中蕴含着很多疏导愤怒情绪的方法,智慧的妈妈在帮助孩子管理情绪时也要划出孩子的行为界限,让孩子知道如何更好地管理情绪,特别适合家长和孩子一起读。

3.接纳孩子的情绪,不能过度敏感,刻意强调孩子的负面情绪

在对待孩子的情绪问题上,父母往往容易走两种极端,一种是粗枝大叶,对孩子的情绪视而不见;另一种是过度敏感,孩子的一丁点儿风吹草动就要刨根问底。我们都知道情绪是非常主观的,而且绝大部分半衰期都比较短,有些甚至不用怎么

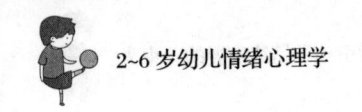

处理到了一定的时间也能够消退。

但是为了培养孩子积极主动解决问题的能力、培养孩子良好的自我意识，我们还是要借助一些关键节点进行引导。

生活中，有的父母也会担心孩子在外面受到欺负，或者是被别人说了几句，会不会有情绪累积？会不会闷在心底呢？最了解孩子的就是父母，我们可以通过孩子的性格、状态等，观察孩子是否健康愉悦。相信每一个家长对孩子的负面情绪感知都是比较敏锐的，如果我们发现孩子状态良好，即使经历一点点不顺心，孩子也是能够依靠强大的内心来应对的。

并不是所有的负面情绪都需要我们去干预，如果我们看到孩子自己哭完了接着投入游戏，或者是生气了一阵又继续和朋友玩去了，那就不必担心。

引导是一种智慧，适度的放手又何尝不是呢？

### 4.接纳孩子的情绪，家长最好不要带着负面情绪处理

做父母不是件容易的事，学习和践行一些科学的方法一开始也并不见得那么顺利。我自己践行正面管教也有8年的时间了，有时候也是想得很美好，可是情绪一上来，根本无法顾及那些科学的方法。在接纳孩子的情绪这个问题上尤为如此。我们要先照顾好自己的内心，让自己保持理性与平和，才能帮助到孩子。

在生活中，孩子感觉情绪不被父母接纳的时候，往往父母也是带着情绪的。

小毅是个情绪容易暴躁的孩子，在和他家长沟通时，发

现他爸爸脾气也很暴躁，而且通常是以暴制暴地压制小毅的怒火。小毅不敢在家里发脾气，但是在和小朋友们玩的时候经常发火，甚至动手打人。

家长有情绪，是无法对孩子进行良好的情绪引导的。在孩子的情绪风暴中，我们就如同那一根定海神针，给孩子的是稳稳的安全感，坚定的接纳感。有我们兜底，孩子才能够勇敢地直面自己内心的各种情绪，让良好的情绪成为一双丰盈有力的翅膀，让他们在成长旅途中幸福地翱翔。

## 如何通过家庭氛围让孩子情绪安定

小孩子的情绪很容易受到外部世界和周围人的影响，因此从孩子出生以后，我们就要注意家庭氛围的营造。2~6岁的孩子感受力和观察力都非常敏锐，能够快速吸收家庭氛围中的良好感受，也能够快速感知家庭中的不和谐因素，并基于这些来奠定内在的安全感和对世界的认知。

我自己的情绪调节能力也很容易受到他人影响，但是有了孩子以后，我也一直在学习科学的疏导方法以及家庭氛围的营造，简单来说，我们可以从家庭环境的布置、家庭氛围的基调、家庭成员的关系、解决问题的方式四个方面入手。

1.家庭环境的布置

环境在潜移默化地影响着孩子的身心健康，对孩子的情绪或多或少产生影响。为了帮助孩子进行良好的情绪调节，减少孩子内在的压力，我们可以在环境布置上多一些童趣，少一些刻板的要求，如可以说悄悄话的小帐篷，可以让自己冷静下来的雅致书房，能让自己晒到阳光的整洁阳台，甚至是布置舒适的飘窗，有时一个可爱的小木凳、一个萌趣的小沙发，都可以给孩子的生活带来一丝放松和愉悦，积累积极的情绪。像我们家妹妹就有一款小帐篷，像个公主房一样精美，平时她会在里面阅读、玩游戏，不开心了就钻进去玩一会儿，有时也会邀请我过去听她说说心里话，给了她很多很多的欢乐。有些人会特意布置儿童房，这也是很不错的选择。

另外物品收纳也是个非常考验我们的事情。因为幼儿需要丰富的体验和多样的感官刺激，因此生活中我们也要提供一定数量的玩具、实物等供孩子操作和体验，这相应的也会给生活带来一定的杂乱，这也是很常见的。需要注意的是我们要在生活中给孩子留出一个相对整洁、有序的空间，让孩子建立内在稳定、有序的感觉。杂乱的物品我们可以放在专门的隐藏空间或者玩具区。如果整个家庭都是杂乱无章的，孩子虽然也能玩得很自在、很开心，但是内在也能感受到环境的杂乱，在负面情绪到来时会加重这些烦躁的感觉。

2.家庭氛围的基调

平时我们会发现每个家庭大致有自己的风格，有的家庭会特别幽默逗趣，有的家庭做事果断利索，有的家庭平和冷静，还有的家庭暴躁易怒，一言不合就吵起来。我们会发现，家庭成员的情绪也是互相影响的，由家庭成员营造的家庭氛围也对孩子产生重要的影响。因此家庭氛围的基调，总体应该是温和愉悦、互相理解、包容接纳的，当然在具体做法上可能有的人喜欢互损，有的人喜欢更多地表达爱，但总体的感觉应该是有爱的，充满幸福的。

萦绕在家庭中的这份能量和基调，是很容易被小孩子感受到的。在这方面，我觉得父母的性格不是那么重要，即使是不太幽默的父母，也可以陪着孩子玩一些有趣的游戏，读一些有趣的绘本；父母家人之间是相爱的、相互理解的，在言谈举止之间都可以流露出来。当我们的家庭中充满了爱、接纳、尊重、喜悦，这对孩子来说是一笔巨大的精神财富。他们感受到了家庭的积极情绪，就能够复刻到内心，形成这样的情感基调，那么面对外部世界的一些不稳定因素时，他内心就相对有底气。有安全感的孩子才会更勇敢，感受到爱的孩子才能够更理解他人，在情绪管理上，有时候爱与安全感这种隐形的心理基础比所有的方法都奏效。

3.家庭成员的关系

有的父母可能觉得我们爱孩子就够了，家人之间不那么相爱或者关系不那么好无所谓。但实际上，父母家人对孩子来说都是重要的，如果自己重要的人之间关系出现裂痕或者存在一些矛盾，孩子就会感觉很分裂，有时甚至会觉得自己在中间做得不好父母才会这样，出现一些额外的心理压力。

我有个朋友在这方面处理得就很不错，每次她和老公吵架都会告诉孩子：爸爸和妈妈刚才想法不是很一致，我们需要讨论出一个办法让我们两个都感觉开心。同时他俩也注意到在孩子面前表达方式要更科学一点，尽量不用一些冲动的怒火来代替商讨。有人说，养育孩子是父母的修行，这话真的不错。平时也许我们毫不在乎方式方法，但是在孩子面前，我们有责任让他们看到我们如何表达意见、如何建立亲密关系、如何处理分歧，这些都会对孩子的生活产生重要的影响。

4.解决问题的方式

解决问题的方式方法也是最容易被孩子学习和模仿的地方。我们看到父母如果简单粗暴、遇事一点就炸，孩子往往有两种情况，要么爱发脾气，要么胆小怯弱不敢表达，这是因为他们没有学习到更好的解决问题的方式，只积累了一些负面情绪。因此我们大人不管情绪管理能力如何，在问题的解决上需要给孩子一定的示范，这个示范可以不完美，但一定要看得出我们在用理性思考积极解决问题，而不仅仅是发泄情绪、推卸责任。

孩子不想按照规则做事情时，我们要做的不是讲道理、批评指责，而是问问孩子现在为什么不想去做，他是否了解规则是什么，他有没有遇到什么困难，需要我们怎样的帮助。这样一个清晰的解决问题的路径，就让孩子对困难有了清晰的判断，不会纠结在畏难的情绪中。情绪管理和解决问题，是两条腿，只有协调起来，才能够走得坚定自信，走得稳稳当当。

在后面的章节中，我们会详细讲解应该如何应对孩子的各种情绪，帮助家长进行良好的情绪管理，不再畏惧孩子的撒泼哭闹，也让孩子走出撒泼哭闹的表达困境。

# 03 快乐：
## 孩子积极行动的精神动力

　　幸福快乐、喜悦期待，应当成为孩子身心健康成长的一抹底色。这些积极的、快乐的情绪，在孩子的心灵中，如同悄然绽放的花朵，美丽而芬芳，持久润泽着孩子的心，给他们温暖与力量。

　　走在成长的芬芳小径，多和孩子体验一些积极的情绪能量吧！那也许是在大自然中观涛听海，也许是父母的包容与呵护，是游戏时的一场欢笑，是重获信心的那份激动。心中有快乐，眼中就有光芒，快乐孕育着很多积极的能量，如自律、幸福、智慧、希望、梦想。

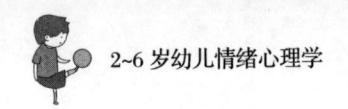

## 让快乐成为孩子情绪发展的底色

美国动画片《怪兽公司》中,怪兽们总是依靠吓唬孩子得到恐惧的能量,用来提供怪兽世界的电力。可后来怪兽们才发现,孩子们快乐和喜悦的能量是更大的。

著名心理学家大卫·R.霍金斯(David R.Hawkins)就曾专门研究了人类的情绪能量等级,从最负面到最积极,数值跨度为0~1000。他研究出了如下的数值:

羞愧:20

恐惧:100

愤怒:150

勇气:200

爱:500

喜悦:540

平和:600

开悟:700~1000

我们曾经以为让孩子感到羞愧,孩子就能够快速改变自己的行为,实际上这份能量是非常微弱的,根本无力支撑孩子的行动;我们也曾以为愤怒似乎带着一股强大的可怕力量,但实际上爱、平和、喜悦、开悟这些具有更强的能量,而且正向的能量往往更持久、更健康。因此,快乐与喜悦这些积极的情绪应该成为孩子情绪发展的底色。

1.快乐与喜悦能够给孩子的身心健康带来积极影响

快乐与喜悦之于孩子,就如同阳光与雨露,这些情绪滋润着孩子们的小小童心,让他们在平凡的日子中感受幸福、快乐成长。

从身体健康的角度来说,快乐的孩子身体更强壮,免疫力更强,更容易拥有强健的体魄。情绪与人的身体息息相关,曾有朋友和我分享,她和先生吵架之后,孩子经常出现一些感冒、发烧等不适,次数多了就忍不住想这其中是不是有什么关联。主观的情绪不太容易衡量和追踪,但是情绪对身体确实有着实实在在的影响。我们大人在身心疲惫、情绪不佳的状态下也更容易出现身体上的不适,何况是小小的孩子?如果内在情绪没有途径表达,身体便会替孩子做出反应。

从心理层面来说,快乐的孩子内心更强大,更容易抵抗外在的压力。心理学家认为,正面情绪能扩大儿童的注意力范围,增强认知的灵活性,提高儿童的思维能力,对孩子的成长有很多益处。经常听到有爸爸妈妈说:"孩子皮实,摔摔打打一会就忘了,光顾着玩了。"这就是因为孩子在玩耍中得到了极大的快乐,小小的挫折在巨大的快乐面前是微不足道的。

2.快乐与喜悦能够帮助孩子克服低落的情绪

快乐与喜悦充斥着孩子的内心,孩子的心灵就如同海洋,这里有无限能量,有富足的心灵养分。因此这些孩子在遇到挫折、出现负面情绪时,强大的能量能够支撑他们平复

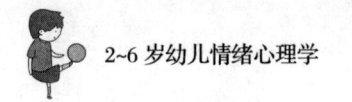

下来。

有一次我儿子玩乐高玩得很开心,妹妹跑过来不小心给碰倒了,他立刻就着急了,攥着拳头想要打妹妹。可是他也很清楚打人是不对的,理智让他克制住了打人的冲动。最后他气呼呼地说:"哼!"然后笨拙地把妹妹抱到另一边,放在地上,又投入到乐高搭建中了。

哥哥是个情绪比较稳定平和的孩子,在他开心愉快的时候,极少有事情能影响到他,即使影响到也很快就过去了。我发现周围有很多孩子是这样。尤其是那些拥有一份强大兴趣爱好的孩子,他们更享受生活,更容易发掘快乐。越是愉快,就越不计较小事;越是快乐,就越容易包容和释然。

而那些情绪没有得到疏导的孩子、心里压抑着负面情绪的孩子,往往无法承受更多的压力。他们仿佛负重的骆驼,哪怕一点点风吹草动对他们来说也是具有威胁的。对于特别容易陷入负面情绪的孩子,我们除了要了解他的性格特质外,更要帮助他积累尽可能多的积极情绪,形成稳定坚实的情绪底色。

3.快乐与喜悦能促进孩子的思考与灵感,帮助他们更好地解决问题

有些时候,给孩子一定的压力,会激发出更强一些的力量。但对于2~6岁的孩子来说,他们内在的能量池还没有蓄满,相对大孩子来说还是弱小的,这时候就不适合给他们太大的压力,而是要先蓄满他们的内在能量,爱、喜悦、平和、兴奋、自信这些都是可以强化孩子内在力量的。

## 03 快乐：孩子积极行动的精神动力

这些年我接触的孩子非常多，我发现一个规律，快乐自信的孩子，他们在处理问题的时候往往思维更开阔、更有见地和创意；而积累了很多负面情绪的孩子，在问题面前总会倾向于为自己辩解，指责他人，抱怨环境等。前文我们讲过，先疏导情绪，才能更好地解决问题，因此，那些能够管理好自己的情绪、拥有更多快乐和喜悦的孩子，无疑能够有更多的精力去思考、整合信息，并对问题提出更合理的解决办法。

晓峰是一个很活泼的孩子，有一天他的好朋友不小心扯坏了他包的书皮，他非常气愤，就打了他的好朋友。打完之后他很快冷静下来，发现这样做是不对的。于是又赶紧向他的好朋友道歉，好朋友原谅了他，第二天还为他买了个新的书皮。

在气头上，孩子很容易做出一些不当的事情，因为当情绪掌控了我们的大脑，理智和思考就无法运行；而如果孩子平静下来，恢复到积极的情绪当中，他就能更客观理性地看待发生的事情，对于解决问题也拥有更明确的思路。

我和儿子也有过类似的经历，有一次看到他有道简单的题目做错了，着急的我大声呵斥了他，当时的他被吓懵了，说不出话，然后做题的时候出错更多了，而且出了一些完全不可理喻的错误。真的要把我气崩溃了！

我意识到这种方式不当，就和他来了个暂停，让他去读他喜欢的书；而我也让自己冷静了一下，翻看了几张正面管教的工具卡。我俩都平复了一些之后，再来交流刚才的错题，感觉就顺畅了很多。孩子知道了自己存在的问题，了解了妈妈刚才

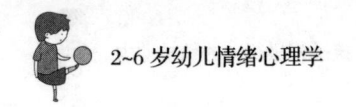

着急的心情，后面学习的时候就认真专注多了。

有了一些类似的经验，我在面对这些问题的时候就冷静多了，不仅是孩子，就是我，也要提醒自己保持冷静和愉悦的状态，才能够更好地解决问题。

### 4.快乐与喜悦能够滋养孩子的内心

幸运的人用童年疗愈一生，不幸的人用一生疗愈童年。孩子内心拥有足够的快乐与喜悦，就如同在心底有一片肥沃的土壤，在这里种子更容易发芽，在这里梦想更容易生根，他们的健康与品格也能够在这里得到滋养和支持。

这样的例子在生活中也很常见，我们会发现孩子们开心的时候很多事情更容易商量。例如，需要控制看电视的时间，在孩子快乐的时候他们会乐于抵御自己这小小贪心，有时候还会带着点炫耀："我看了20分钟动画片，我要自己关电视啦！"随后他会兴致勃勃地去做他喜欢的其他事情。

拥有快乐的孩子更有底气，他们在遇到困难的时候往往不会那么悲观和恐慌。惊弓之鸟的故事我们都听说过，心生恐惧的鸟儿听到一丝风吹草动，自己先就恐慌到极致掉落下来，而一个内在兴趣不稳、缺乏快乐的孩子，就如同惊恐的鸟儿一样，飞不高，飞不远，很难专注地追求成长。

而孩子拥有了更多的快乐情绪，就会调动这些积极情绪来应对一些难题。

还记得儿子小时候被好朋友打到了头，他觉得很痛，忍不住就哭了，要求对方道歉，可是对方毫不理睬。他很生气，说

不原谅好朋友了。

可是没过一会儿,他又说:"我准备原谅他了。"

"为什么呢?他并没有道歉呀?"

儿子表示很诧异:"可是我的头已经不疼了呀!"

我很喜欢他无意间表现出来的豁达。一次不涉及原则性问题的冲突,只给他的身体带来短暂的疼痛,却没有在他心里留下一丝一毫的伤害。我能够感受到比起这孤立的一次疼痛,他更加享受和好朋友一起玩耍的快乐。所以好朋友的行为伤害不了他,一次疼痛也伤害不到他,这件小事就这样轻轻翻页了。

## 认知快乐的情绪,享受生活的喜悦

生活中我们要有意识地积累孩子的积极情绪,尤其是快乐、兴奋、幸福等,这是孩子内在能量的基础。积极的情绪如同一束光,能够照亮阴霾,驱散黑暗,让孩子的内心焕发光彩。

1.和孩子一起认识和表达快乐的情绪

当我们遇到开心或者让我们兴奋的事情时,要多多和孩子分享,如"妈妈今天感觉非常开心,因为我完成了一项我以为无法完成的工作项目。"孩子很容易受到大人情绪的影响,他们也会学着我们的心态去发掘自己的快乐。

当孩子感受到快乐时,我们也可以由衷地表达我们的感受:"宝贝,看到你那么开心地玩你喜欢的玩具,还拼装了这么多有趣的场景,妈妈也觉得好开心呀!"

生活中我们可以让孩子通过阅读书籍、观看图片、观察生活等方式感知自己和他人的快乐情绪。例如,很多爸爸妈妈会在家里和孩子们一起读绘本,绘本中的人物常常就有积极的情绪,孙悟空当上齐天大圣时的得意洋洋,好脏的哈利在外出玩耍时的欢欣鼓舞,阅读中我们可以有意识地和孩子聊一聊。

此外,我们还要让孩子了解一些具体的表达情绪的词汇。想要表达情绪并不是一件简单的事,我们在生活中要和孩子一起积累一些常见的情绪词汇,如开心、快乐、期待、兴奋、激动等,结合生活实际在不同的情境中练习使用,让孩子对情绪的认知和体验更加真实贴切。

对快乐的认知越明确、越具体,孩子在生活中积累快乐情绪的机会就越多。有时候甚至是亲子间对视的一笑、车窗外零星的几片雪花或者对小伙伴说了声谢谢后小伙伴友好的微笑,都能让孩子感受到快乐。

情绪也许持续的时间不会很久,但是快乐的情绪却像沙滩上一层一层的海浪,在潮起潮落间,源源不断地涌上孩子的心头,给他们带去生命的抚慰和温柔的善意。

2.和孩子一起发现快乐的秘密

每个人的快乐都有不同的诱发点,在分享快乐时大人可以和孩子分享,也要注意适当给孩子发现快乐的角度。

有时孩子可能会发现自己的快乐和爸爸妈妈的快乐是紧紧

联系在一起的,爸爸妈妈开心的时候,孩子也会开心;有时候孩子可能会发现,自己的快乐和爸爸妈妈并不是很一致,如孩子看电视的时候很开心,爸爸妈妈却有些担忧视力问题;有时候孩子可能会分享一些他们独一无二的小事,如去海边散步、去游乐场滑滑梯,或者完成了属于自己的小任务、读了一本搞笑的故事书等。

我们还可以让孩子通过绘画来表达自己的情绪。2~6岁正是孩子绘画的兴趣高涨期,他们的笔下有着多姿多彩的想象,也蕴含着多样化的情绪。在孩子感觉到快乐的时候,我们可以引导孩子通过线条、色彩、图像等来分享和呈现。我在家专门为两个孩子准备了一个小本子,不定期记录下他们那些开心的事情,他们可以绘制图画,有时候翻开来,又是一次盛大的快乐之旅。

3.和孩子一起感受他人的快乐

在感受自己快乐的基础上,孩子们可以尝试感受他人的快乐,这既是情绪管理的重要一环,也是孩子情商培养及社交能力培养的基础。

我们可以多引导孩子发现身边人的快乐,如帮奶奶拿衣服,奶奶脸上的笑容;帮爸爸妈妈扫地、擦桌子时,爸爸妈妈眼中的欣喜;和好朋友一起玩耍时,大家的欢声笑语;对环卫工阿姨大声问候并说谢谢时,阿姨那一声真挚的回应……

孩子感受到他人的快乐,就更能够理解他人的需求,知道他人心中的想法。他们会逐渐发现每个人都有自己的感受和想法，这时候情绪就不单单是他们自己内在的感受，而是每个人都拥有的柔软的、温暖的、独特的内在。

知道这样一个情绪的大宇宙，知道我们每个人都如同浩瀚的星空中独一无二的星球一样，对孩子感知自己和他人的情绪和需求、协调自己和他人的关系，是非常重要的。

4.和孩子一起做开心的事

情绪管理的进阶是通过一定的行动让自己获得良好的情绪体验，因此生活中除了积极感受和分享自己的情绪外，我们还要有意识地和孩子一起做让自己开心的事情。有人曾做过调查，能引起孩子负面情绪的事情都是比较容易发现的，而孩子们快乐的源泉却各有各的不同。对于2~6岁的孩子，我也做过深入的调查和了解，他们的快乐往往从自己的个性体验出发，和大人有着截然不同的快乐点。

最常见的当然是新奇好玩的游戏了，也许是去游乐场玩耍，也许是一个新的玩具，也许是有趣的新知识，也许只是和爸爸妈妈玩游戏时亲密的、热闹的氛围。他们享受着游戏带来的欢乐，像捉迷藏或者老鹰抓小鸡的游戏中，孩子们体验着爸爸妈妈找不到的小小分离、体验着对被捉到的小小担忧，并通过游戏中的"捉到"或者拥抱来建立更亲密的联结，把这些小情绪冲刷掉，获得更大的欢喜。生活中突然的分离是可怕的，在游戏中却可以将这份可怕包裹在笑声和游戏中，让快乐陪伴着孩子感受分离。

孩子的快乐源于他们的兴趣爱好和认知规律，如2岁秩序敏

## 03 快乐：孩子积极行动的精神动力

感期的孩子，就特别喜欢各种有规律的图案，或者乐此不疲地把一些物品摆成规律的形状；我儿子在2岁多的时候特别喜欢圆形的图案，从绘本中的各种球类，到生活中所有圆形的物品，再到沉浸式喜爱各种车辆，他的兴趣专一而稳定，给他带来了极大的快乐与满足。我们多多了解这个年龄段孩子的特点，就可以给他们提供更多的欢乐。

孩子们的快乐还源于他们做的"了不起"的事情。小孩子和大人一样需要价值感和归属感，当他们发现自己可以服务自己，服务他人，可以独立做一些事情时，那份快乐是浓烈而持久的。

我今天自己洗了杯子。（哪怕洗得不干净也要多多鼓励！）

妈妈，我帮你拿了书本。（即使拿错了也要不动声色，让孩子乐于重新尝试！）

妈妈，我今天自己穿好了衣服。（穿倒了，穿反了又有什么关系，这份积极主动难能可贵！）

妈妈，今天我帮爷爷奶奶擦了桌子。（把桌子擦成大花脸时可以不着痕迹地教一下擦桌子的方法！）

孩子们在成长过程中，做事的积极性和做事的能力并不是均衡发展的，往往积极性很快能被激发出来，而劳动技能却因为年龄和经验的限制而显得不足。这时候如果不让孩子尝试，很可能连积极性都要受到抵制，看看现在很多的大孩子，掌握了那么多的技能，而同时他们中的一部分却早已失去了做事的热情。

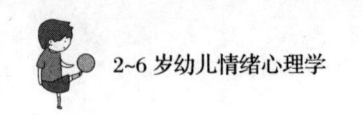

在对待小孩子时，我们要多一分耐心。告诉孩子哪些他可以帮忙，可以怎么帮，对于无伤大雅的"添乱"适度接纳，让孩子在兴趣和习惯培养的关键期慢慢积累一定的技能，那么他们的能力也会伴随着快乐逐渐提升，并培养成为良好的习惯。

## 如何为孩子积累足够多的快乐体验

对孩子来说，快乐的体验在生活中随处可见，但父母依然有责任去为孩子主动营造一些温馨、快乐的时光，让孩子看到除了被动感受生活的快乐之外，我们还可以通过自己的行动，创造更多的快乐和惊喜，这也是引导孩子积极生活的重要方面。

1.父母要做到情绪平和、喜悦，为孩子营造安全、愉悦的家庭氛围

情绪是互相影响、互相感染的，小孩子对父母的情绪感知尤其敏锐。曼彻斯特大学的心理学教授埃德·特洛尼克（Edward Tronick）曾做过一个非常著名的静止脸实验（still face experiment）。当妈妈开心地和孩子互动时，孩子也非常开心地回应妈妈；可是当妈妈突然面无表情，对孩子的互动毫无反应，这个孩子从一开始的开心，逐渐变得困惑，不到2分钟就崩溃大哭。这个实验给我们展示出亲子间的密切互动对孩子的重要性，也表明婴儿能够敏锐地判断出父母的情绪状态，

如果父母是冷漠的、无动于衷的，他们就会产生巨大的心理压力。

生活中我们要积极主动回应孩子的需求，对孩子的小发现、对他们的表达，多给出正向的关注和反馈；多多和孩子分享我们的积极情绪，让孩子感受到我们内在的喜悦和幸福；此外当我们有负面情绪时，要进行恰当的疏导，不要将自己的负面情绪转移到孩子身上，更不要因为自己心情不好就对孩子发脾气。

有段时间我因为工作上的原因总是情绪不好，回家之后忍不住想要指责孩子，我很清楚这些不满是因为我的情绪没有得到妥善处理，而不是孩子的行为，但当看到孩子的小问题时，心里的火就有些压不住。无奈之下我只好和孩子们交代一下自己的工作和压力，跟他们讲述了妈妈面临的很多困难，他们竟然也都很理解，甚至为妈妈加油，儿子甚至告诉我："妈妈，如果任务很难，你就慢慢来，一点一点做，最后就做好了。"

我发现当我直面情绪时，孩子也能给我一些能量，这样我就不会憋着火气撒到他们身上了。在家庭中，总有一个人要先说出自己的情绪感受，这样大家就会平和地表达爱，而不是发泄怒火。那段时间，我会把自己关在书房里去忙碌、去调适，孩子就甩给老公接管，顺便磨炼了他带孩子的毅力和本领。就这样，情绪的风暴慢慢平复下来，最终也可以守得云开见月明了。

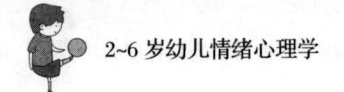

2. 为孩子积累丰富的快乐体验，还要多多陪孩子玩适合的游戏

孩子们的快乐很简单，一次有趣的互动，一个逗趣的鬼脸，一次简单的捉迷藏，一个粗糙的小手工，俯拾仰取，皆是欢乐。可初为父母，不够了解孩子，往往会错失这些最简单的机会。经常听身边的父母说："这些孩子太奇怪了，花了大价钱买了玩具他们不喜欢玩，弄个破纸片剪剪贴贴反倒玩得上瘾，这咋回事？"

游戏，不仅仅是玩玩具。小孩子心思单纯，有时候不喜欢高价的玩具，并不是审美有问题，也不是没见过世面，可能纯粹是因为这个玩具没有激发孩子的内在兴趣。尤其是市面上有的玩具设计不够精良，孩子们被动玩耍，体验单一，很容易让孩子感觉无聊。留心观察，我们会发现2~6岁的小孩子，更喜欢互动类的游戏。例如，和2岁的孩子一起玩躲猫猫，和3岁以上的孩子玩角色扮演、"猫抓老鼠"、创设情境过家家等，都是他们特别喜欢的。和玩具不同的事，这些游戏更容易让孩子们开怀大笑。在孩子小时候我会每天留出至少半小时和他们一起玩这些游戏，如《游戏力》一书中推荐的释放孩子压力的对抗游戏、情境游戏、哈哈大笑的游戏等，感统类小游戏、蒙氏小游戏也是非常好的选择。

在这些游戏中，我们和孩子你追我赶、亲密拥抱、表达爱，对孩子来说有非常好的情感体验。在孩子入园焦虑期，我们就经常玩一个"黏人"的小游戏，孩子扮演一个要去幼儿园的小朋友，我来扮演一个黏人的大手掌，一会黏住孩子的脚不让她走，一会黏住她的腿让她迈不动，还会黏住她的眼睛不让她看东西，她就哈哈大笑着逃跑。在游戏中她知道我也很黏她，也很想念她，感受到妈妈对她的爱，她的安全感也就更稳固了。我还会启发她："那你去上幼儿园了，我在家怎么办呀？"她还能想出一些好办法，"你可以去工作啊""去看一下时间到放学了赶紧去接我啊"等。我们对入园这件事就能相对理性和平看待了。

玩具的选择上我们也可以参考孩子们喜欢的游戏，比如我们家孩子特别喜欢玩角色扮演，所以他们的玩具我也会参照进行扮演；像叠叠乐、拼图、乐高、水枪、轨道火车、3D打印笔、简单的编程玩具、电路玩具等，都是在了解孩子兴趣基础上入手的一些能持续玩耍的玩具。

3.为孩子积累丰富的积极情绪，还要多多带孩子体验多姿多彩的趣味生活

日常生活对孩子来说是时间最久、也最有影响的。在日常生活中增加一些趣味、增添一抹色彩、增强一丝味道，这些自然而然的生活方式对小孩子来说是影响深远的。我的好朋友知乎的新知答主七优老师就是这样一位有心的妈妈，在冬至来临前，她会带着孩子一起画九九消寒图，一天涂一瓣，仪式感满满；在冬奥会到来之际，她和孩子一起用扭扭棒制作奥运五环，和孩子去滑雪，动手搭建滑雪大跳台，用黏土制作冰墩墩和雪容融……做生活的有心人，让孩子感受到父母对生活的赤

诚与热爱，感受生活的多种趣味。在这样生机勃勃、热气腾腾的氛围中成长起来的孩子，是多么幸福！

疫情的几年，我们很少带孩子出远门，但是每天我们都留出户外活动的时间，在晴朗的天空下，在高高的大树旁，在宽宽的跑道上或者在幽静的小路旁，慢慢地走，欢快地跑，捡拾树叶，仰望蓝天，看人看事看万物，生活的烟火气里满是爱与温暖。在家里时，全家一起窝在书房看书，哥哥喜欢静静读，读完再给我们讲，妹妹喜欢读完画出来、用黏土做手工，再改编讲给我们听。每个孩子都有不同的喜好，每个孩子都找到了自己的乐趣。到周末，我们常常带孩子去海边，在金色的沙滩上，在哗哗的海浪旁，他们搭建城堡，玩沙子，挖水道，把小脚丫埋在沙子里，在海浪涌上来时哈哈笑着仓皇而逃……每一个瞬间都是欢笑。生活的趣味在平常，除了去远方，我们一定要记得多多和孩子感受身边的无限乐趣。

4.培养孩子稳定的兴趣爱好

有人说，唯有热爱可抵岁月漫长。对孩子来说，兴趣和热爱可以让他们持续健康地成长。孩子有了自己的兴趣爱好，会从中收获很多喜悦，也会在喜悦中磨炼意志、提升技能，让兴趣成为自己的优势所在，这就为孩子带来更多的自信心和价值感。

朋友家的孩子前段时间迷上了乐高，从一开始的简单拼装，到慢慢照着图纸拼装复杂的图形，再结合自己的经验创新一些花样，在这个过程中他越来越有耐心，从一开始搭建不好

就哭,到逐渐接纳失败,为了搭建得更好,他学习了很多搭建的技能,有了更多的创意。这段时间,他已经进阶玩编程类搭建了,小家伙用遥控器遥控自己搭建出来的霸王龙,一脸的骄傲。

每个孩子的兴趣点都不是很一样,有的热爱运动,有的偏好思维类的游戏,还有的喜欢静静阅读、绘画,也有的更喜欢扎堆到人群里,和大家交流互动。作为家长,要留心观察孩子的生活,看看他们对什么感兴趣,再提供相应的辅助和支持,让他们在兴趣点上拓展、巩固。儿子一两岁的时候非常喜欢球,不管是实物的球、图片上的球,还是玩具上的圆形图案,通通都是他的最爱。我一开始还在纳闷,这是什么兴趣爱好?会通往哪些成长呢?虽然好奇,我还是提供给了他非常多和球、和圆有关的体验。他读了很多带有球和圆的绘本;后来他迷上了车辆,研究车轮,研究轮轴的转动,还经常改装乐高火车的动力结构;后来他特别痴迷围棋,抓到个人就要下一盘……虽然不确定这些和当时的兴趣是否有深刻的关联,但这几年,球和圆带给他的喜悦是深远而持久的。

**5.充分表达对孩子的爱**

《爱的五种语言》这本书中提到的肯定的语言、精心的时刻、有意义的礼物、自愿的行动和身体的接触。五种表达爱的方式,同样适用于2~6岁的孩子,具体到生活中,肯定的语言是指我们要多给孩子肯定的、欣赏的语言,让他们感受到自己的美好;精心的时刻指的是我们和孩子全心投入的一些时刻,如多孩家庭中,父母可以和每一个孩子都有单独相处的时刻,及时回应,给孩子专一的陪伴;有意义的礼物可以是我们精心准备的礼物,如孩子的成长日记,为孩子拍摄的精美照片,留意孩子的愿望给他们制造惊喜时刻等;自愿的行动可以是主动帮助孩子,理解他们的需求,而不要忽视他们遇到的困难;身体的接触指的是小孩子更需要父母的拥抱、抚摸、亲吻等,可以将这些身体接触融合到亲子游戏中,自然地向孩子表达爱。这些方式都可以给孩子带来快乐、幸福的积极情绪,帮助他们打下明媚阳光、乐观向上的情绪底色。

## 警惕！一味地追求开心并不可取

尽管积极情绪对孩子的影响是巨大的,但并不意味着为了让孩子开心我们就可以没有原则或者忽视他人的感受。积极情绪如同一双轻盈的翅膀,让孩子自由翱翔,但在自由的天地中,孩子们也需要学会如何掌控方向、如何保护自己以及如何与他人一起翱翔。放在现实生活中,父母就需要在为孩子积累积极情绪的基础上,引导孩子理解他人的需求,在和他人互动中找到共赢的平衡点。

远远是周围小区的孩子,有一天大家都在捡小石子玩,远远看到一颗圆溜溜的石子,就跑过去要拿,可惜晚了一步,被另一个孩子拿走了。他很生气,大声喊着:"这是我的！"

## 03 快乐：孩子积极行动的精神动力

然后就去抢夺。孩子奶奶看到了连忙跑过来，也给孩子鼓劲："我们远远早就看到了，这就是我们要玩的。快还给我们吧，你看远远都要哭了。"不说还好，一说远远还真的哭起来，争夺中还把那个孩子推到了地上。奶奶看到了赶紧抱起远远拿着小石子就走了。

远远在这个过程中没有想出好的办法，而且因为奶奶的误导，对社交中的一些原则产生误解，只考虑自己的需求，而忽视他人的感受；在处理问题上，也缺乏正确的方式。其实在远远和这个孩子产生分歧的时候，正是培养远远社交能力的好机会。为了孩子一时的开心和满足，让孩子错过成长的机会，从长远来看是得不偿失的。

当远远生气的时候，我们可以引导他表达自己的愤怒，以及自己想要玩这个小石头的意愿，远远可以和那个孩子采用交换或者轮流玩耍，甚至一起玩耍的方式，增进彼此的互动，这个过程中他们会收获更多的快乐，并提升解决问题的能力。作为父母，我们有责任为孩子创造快乐，更要有长远的、全局的眼光，为孩子的一生创造快乐。

一味追求开心还可能让孩子过于自我，不理解他人。很多孩子发生社交冲突，都是因为只从自己的角度来思考问题。我们在生活中要培养孩子团结友爱、合作共赢的团队意识，而不是你进我退、你退我进的敌对意识。如何培养这个意识呢？就是一次又一次发现我们和别人可以友好地玩耍，就是一次又一次和别人消除矛盾、建立联结。多少大道理，都不如实实在在

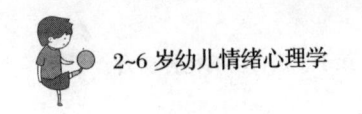

的体验和经历。当然,当孩子感觉不开心的时候,也要勇于表达自己的情绪和需求,让别人知道自己的想法。

有些快乐不一定能够滋养孩子。苗苗的爸爸妈妈比较忙,平时跟着姥姥姥爷一起生活。姥姥姥爷见苗苗喜欢看一些搞笑动画片,就经常让孩子去看。其实这些被动感受到的笑点对孩子来说乐趣是比较有限的,有时候哈哈笑过去也就不记得了。我们可以用情绪的存留期来进行简单的衡量,孩子如果得到一个玩具或者做了一个手工,往往开心的时间比较久;但是读过一个笑话,或者看了一个动画片,却不一定能够持续开心这么长时间。这是主动休闲和被动休闲的区别,在小孩子身上体现非常明显。这就像我们可以经常逗小孩子开心,或者呵痒,但是不能频繁逗他们,他们需要的快乐应该更有意义,更有深度。

真正健康的积极情绪来源于人的内在需求。马斯洛的需求层次理论认为,人的需求可以分为生理需求、安全需求、社交需求、尊重需求和自我实现需求。生理上的快乐可能源于食物、温暖等基础层面,吃一顿好吃的,吃到美味的糖果都是开心的事。安全上的快乐则来自爸爸妈妈给孩子的稳定的爱与安全感,是一种没有人能够伤害自己的踏实感,是一种稳固的、发自内心的喜悦。而社交、尊重和自我实现的需求,则需要孩子更多地与他人互动,更加积极地通过行动来与他人达成密切合作与友谊,并且从中实现自己的价值,找到自我的归属感和价值感。这时快乐则上升为幸福、期待、信仰等更有能量的感

受,给孩子带去持续的滋养与成长。

我们要引导好孩子的积极情绪,不要让孩子把自己的快乐建立在别人的痛苦之上,也不要让孩子仅仅停留在表面的、短暂的快乐中,多样的、深刻的体验才能够让孩子心智得到健康的发展。

## 生活实践:如何让孩子获得持续的、有深度的、有意义的积极情绪

生活中孩子们的快乐有很多种,有单纯明朗的快乐,有简单有趣的快乐,有温馨感动的快乐,有振奋鼓舞的快乐,有成就卓越的快乐,也有彼此赋能的快乐等。这些快乐,可能还表现为或者发展为感动、期待、欣喜、振奋、幸福、激动等多种丰富的积极情绪。那么如何让孩子获得持续的、有深度的、有意义的积极情绪呢?为此,父母还需要引导孩子深度体验生活、在真实的生活中滋养积极情绪。

1.在充满童趣的氛围中体验纯粹的快乐

节日的仪式感,家庭中的氛围感,生活里的趣味感,都能够让孩子体会到我们满满的心意和对他们的关注,这是一种最基本的快乐,是以爱和安全感为基础的稳定的积极情绪。

这也许可以是幼儿园的一次课程,也许是亲子间的趣味互动,也许是游乐场里的旋转木马,或是生日当天一个精美的卡

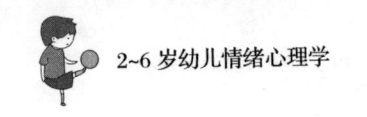

通蛋糕，孩子们的小小心灵总是很容易被这些充满童趣的元素所打动。

女儿名字里有个"欣"字，她顺便就喜欢上了相似的发音"星"，以及和星星有关的周边。一个偶然的机会我给她选择了一款小星星图案的发卡，她立刻就喜欢上了！粉色的星星发卡点缀在她的发间，还闪着光泽，她歪着小脑袋看着镜子里的小星星，如此简单，又无比快乐。

儿子有一段时间迷上了泰坦尼克号的沉船事件，查阅了很多资料，在生日的时候我为他准备了泰坦尼克号有关的绘本和一款拼插模型，他爱不释手。

2.在友好互动的氛围中体验合作的快乐

走出自己的小圈子，感受友谊的快乐，感受合作的乐趣，感受和他人联结带来的温暖，这是一种需要孩子和他人交流互动才能体验到的快乐，是以社交与合作为基础的积极情绪。

所以，给孩子们找兴趣相投、性情相投的小玩伴很重要。很多妈妈咨询我，说孩子到社区里和陌生的小伙伴玩不起来，看到一大群小孩子在玩就想退缩。这是很正常的，很多2岁多的孩子社交经验不足，并不知道如何与别人互动。最简单的一个方法就是先找1~2个小伙伴，在熟悉的家中或者孩子喜欢的地方玩耍，一开始也无需督促孩子互动，可以先各玩各的，玩得不错了，再引导他们合作去搭建或者共同完成一个小任务，慢慢就能建立起友好的互动。

社交是有过程的，需要孩子们先确立安全感，确定自己是接纳对方的，确定当前的玩具或者游戏是他感兴趣的，然后对方也没有威胁到自己（抢玩具或者打人等）的行为，他们才能够放下心来去融入这个小圈子。

3.在自我努力的氛围中体验行动的快乐

孩子如果能意识到自己可以影响身边的事情，能够为别人提供服务，也会由此产生极大的快乐，这份快乐持久而恒定，是孩子价值感和行动力的延伸。

从第一次自己穿衣服，到第一次通过自己的努力爬上高高的滑梯，从小声地问出那一句"我可以和你一起玩吗？"，到和伙伴们在阳光下追逐欢笑，从亲亲爸爸妈妈说"我爱你"，到爸爸妈妈下班后的那一句"爸爸妈妈辛苦了"，再到帮助爸爸妈妈擦桌子，他们笨拙却努力地学着做事情，学着帮助身边的人。在这个过程中，他们感受到的是自己的力量，在行动中建立起自信和乐观。因为他们确定，自己可以通过一些做法，给生活带来快乐。

当你看到孩子在尝试做事情，即使不完美，也要鼓励这份行动，守护好这份生机勃勃的成长的力量。

4.在温馨的家庭中体验爱与幸福

父母之爱、家庭中的幸福是孩子们最容易感受到的，能让他们产生具有强大能量的积极情绪。爸爸妈妈们可以抓住一些重要的节气、团圆幸福的时刻，让孩子们感受亲情带来的温暖和感动。我有个性格非常开朗乐观的好朋友，每次她说起自己的父母，总记得在过年时一家三口去逛庙会，爸爸一手牵着

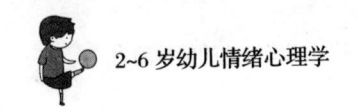

妈妈，一手抱着她。那时候生活条件比较差，很多东西舍不得买，她坐在爸爸臂弯里看着熙熙攘攘的人群，看着琳琅满目的商品，多年之后回想起来都觉得幸福极了。

现在大家普遍很重视仪式感，我觉得这对小孩子来说是非常有必要的。孩子们在仪式中，在实实在在的体验中感受爱与幸福，这是多少道理都代替不了的。有一次母亲节，我带着孩子们给妈妈买了礼物，又给婆婆亲手做了节日蛋糕，孩子们兴致勃勃地做上了裱花图案、点缀上了水果，然后我们一起去奶奶家。路上，女儿亲了亲我说："你真是个好妈妈，祝你节日快乐！"收到了来自儿子和女儿的手工礼物，我也很感动。爱的表达和传承，就是这样自然而又甜蜜吧！

每一次节日的问候，每一个团圆的时刻，每一个和家人一起的日子，都让孩子们在这样热闹的家庭氛围中去玩耍、去感受；挑选礼物的时刻、干杯的时刻、祝福的时刻、守岁的时刻，这些重要的时刻都不要让孩子缺席，让他们在这些盛大的、隆重的、充满爱的日子里，浸润、传承。

5.在国事大事面前，感受信仰与正能量

当孩子们的快乐情绪与周围的人、事、物甚至国家大事联系起来，这份能量更是弥足珍贵。2021年"神舟十二"发射升空，正在读高一的小侄子航航感动得热泪盈眶，在繁重的学习之余还专门写下了一篇感情真挚的作文，从中我看到了少年的热血与信仰。原来他读二年级的时候第一次在电视上看到神舟五号升空的场景，特别震撼，一直默默攒劲要为祖国的航空事

业做贡献。时隔多年，看到"神舟十二"发射成功，童年的记忆和梦想再一次被激发出来，鼓舞着他前进。

从各种的红色教育、奥运会，到冬奥会，我们的孩子们都是见证者、参与者。身边很多妈妈和孩子一起读红色故事，参观红色教育基地，还有的幼儿园编排红色故事展播。最近我也带孩子们一起看冬奥会，还看到很多心灵手巧的妈妈和孩子一起用各种材料制作"冰墩墩""雪容融"和奥运五环，有彩泥的，有面点的，还有橘子制作的，惟妙惟肖的样子让孩子爱不释手！

关心国家大事不只是大人的事，也不是多么遥远的事。我们要用孩子们能够听懂的语言和他们喜闻乐见的形式，向他们传递一份信念：这样的繁荣昌盛就是我们伟大祖国的模样。

6.在大自然万物面前，感受生命的力量与世界的精彩

读万卷书，行万里路。大自然与儿童有着天生的默契与联系。我们可以经常带着孩子到大自然中感受，天边的云卷云舒，庭前的花开花落，四季的轮回，万物的流转，都奠定了孩子们最初的审美，以及对世界的认知。

我们居住在海边，潮起潮落皆是风景，蓝天、碧海、金色的沙滩就是孩子们最喜爱的乐园。有时候一天忙完后，我会在漫天星光中带孩子们去听听浪涛的声音，释放一天的压力；有时候是悠闲的周末，带着铲子和小桶，带着泳衣和帽子，让孩子们玩个够；有时我们会去广袤的田野，看一望无际的茶园和郁郁葱葱的果园；也有时会去宁静的山间，去听小虫子和鸟儿

们的合奏……宫崎骏在《天空之城》里写道："根扎在土壤，和风生存，和种子过冬,和鸟儿一起歌颂春天。于孩子来说，扎根在大自然里，别有一番深沉而悠远的快乐。"

# 04 悲伤：
## 孩子疗愈创伤的一种方式

　　我们总想让孩子开开心心，不要悲伤难过，可我们不要忘了，悲伤也是因为孩子曾经有过自己珍视的、重要的东西啊！当不太好的事情发生时，要允许孩子表达自己的悲伤，允许他哭，允许他闹，允许他在悲伤里与现实和解，在疗愈中让自己重新获得幸福。

　　有时我们还需要一点点智慧，帮助孩子理解那些悲伤的事情，诠释那些让人难以接受的"失去"，和孩子一起在客观范围内找到适合自己的出口。这个出口，也许将通往积极乐观、珍惜拥有以及不屈不挠的毅力。

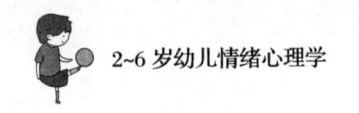

## 悲伤的背后，是儿童内心的创伤

悲伤是人的基本情绪之一。通常指的是由分离、失去和失败等因素引起的情绪反应，按照悲伤程度的不同，一般会表现为失落、失望、难过、悲伤、极度悲伤等。儿童对悲伤情绪的表现极为直白，最常见的就是哭泣，也有的会伴随行为退缩、沉默、拒绝交流等。

悲伤在我们的情绪天空中是一抹沉重的暗色调，如同阴霾暗沉沉地压在我们心头，压抑着我们内心的活力。人们天生渴望明媚与阳光，对于悲伤这种情绪常常避之唯恐不及。在安慰别人时我们经常会说"别不开心了，有什么值得难过的呢？""赶紧开心起来吧！"可是我们也发现，悲伤这种情绪缓慢而持久，尤其对孩子来说，需要时间的疗愈，也需要通过认知升级来接纳和平复。这与引起悲伤的因素有着密切的关系。

1.分离是引起儿童悲伤的主要原因之一

幼儿正处于安全感、秩序感建立的关键期，一旦周围的人或者环境发生变动，很容易引发焦虑不安甚至悲伤等情绪。有些孩子和身边的家人、熟悉的朋友在一起时能够安心、快乐地玩耍，一旦熟悉的人离开，或者长时间见不到家人，焦虑和难过的情绪就随之而来。

2岁的小琪很喜欢妈妈陪着上早教班，但是随着年龄的增长,有些兴趣班是需要孩子独立和老师进行互动的。每当这时候,小琪妈妈就在里面陪伴一会儿,等到小琪能够投入地和老师、小伙伴一起互动再离开。有时,小琪发现妈妈要离开,就会更加不安,甚至哭泣。

小琪的难过和焦虑情绪就来源于和妈妈的分离。她需要妈妈的陪伴才能够感受到爱与安全。所以这时候妈妈要在日常给予孩子足够多的陪伴,建立好小琪的安全感,同时也要给小琪足够的信任,让她知道即使暂时见不到妈妈,她也是安全的。

在2~6岁这个关键期,入园焦虑期的不安,妈妈去上班、熟悉的小伙伴离开所带来的失落,都可能让孩子产生难过、悲伤的情绪。这些情绪正是孩子内心感受的真实反映,通过这些情绪我们能够看到孩子的内在需求,以便更好地陪伴和引导孩子。

2.失去是引起儿童悲伤的常见因素

2~6岁正是孩子所有权意识发展的关键期,他们开始逐步意识到有些东西是属于他们的,是他们可以掌控的,这份掌控也给他们足够的安全感、确定感和自信心。我们经常会听到这些可爱的孩子说:"这个漂亮的娃娃是我的!""看,我的小汽车是不是很好玩?""我的比你的更好看!"他们从"这是我的"这个意识中,逐渐发现"我的东西非常好",并强化这种自我意识。

而一旦他们的物品丢失或者因为某种原因失去心爱的东

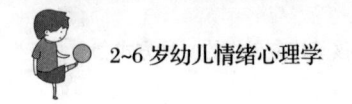

西，他们就会感到非常悲伤。

前段时间外出玩耍时，女儿发卡上的两个塑料小橙子不小心掉了一个，她就各种不开心。因为当时我在开车，没顾及她的感受，就下意识地说："我们可以再买一个这样的小橙子发卡。"可是说完我突然发现女儿依然不开心，我就注意到她的需求并不是想要什么样的发卡，而是她的发卡损坏后她感觉很遗憾、很难过。

于是我就换了一种方式，"你的小发卡很漂亮，你一直很喜欢这两个圆形的小橙子图案，对吗？"

女儿点点头。

"所以看到小橙子丢了一个，发卡不能用了，你一定感觉很难过。"

女儿说："是呀，我最喜欢这个发卡了，可惜以后再也不能戴了。"

"是的，那这个发卡你想怎么处理呢？"

"我想把它藏在我的发卡盒子里，它上面还有一个小橙子，依然很好看。"

"好呀，这么可爱的发卡值得我们收藏着呢。那你接下来想戴哪个发卡呢？"

"我想戴那个小胡萝卜的，因为小胡萝卜和小橙子颜色有点像。"

就这样聊着聊着，女儿的情绪就稳定了下来，悲伤也就慢慢消散了。

之所以面对孩子的悲伤和哭泣，我们容易下意识想要"止哭"，下意识想要立刻解决问题，根本原因是我们自己不想面对孩子的负面情绪，孩子哭唧唧很容易让我们烦躁不安，有时还会勾起一些不好的回忆。毕竟大人生活中压力也比较大，孩子的一点小事也可能会引发我们强烈的烦躁和不耐。为人父母，谁都希望孩子的成长是顺利的，每次遇到问题孩子都能自如地解决。但这并不现实，很多时候我们依然要耐下心来，花点心思去引导孩子，花点心思想一想对于思考能力和解决问题能力都比较弱的孩子而言，如何让他们管理好情绪，如何提升他们各方面的能力。而这些靠的不是批评，不是责骂，是循循善诱，是平和的引领。

3.失败和受挫也是引起儿童悲伤的重要原因

还记得儿子2岁多的时候正是喜欢探索的时期，特别喜欢玩积木，总想把积木块搭得高高的，可是他小手抓握能力不足，总是搭几块就倒，还气得呜呜哭。女儿小时候经常遇到类似的事情，她特别喜欢《我是霸王龙》这本书，也非常喜欢画画，但是照着绘本画好一只霸王龙这件事对一个3岁的孩子来说还有点难，而且女儿观察能力很强，她会非常敏锐地发现自己画的霸王龙和书上不一样，气得直跺脚。

这种受挫感在孩子2~6岁时期是经常出现的，因为这个时期正是孩子学习技能、提升能力的关键时期，面临的挫败也比较多。而且我们会发现，孩子对自己喜欢的事情才会特别容易生发出这种挫败的悲伤。因为感兴趣，因为喜欢，他们特别想

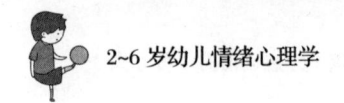

要做好，可是能力不足，他们屡屡受挫。因此这一类的悲伤非常需要家长的用心引导，孩子自信心的建立、孩子解决问题的思维，往往就从走出挫败感的方式方法中积累起来。

## 悲伤，是另一种形式的"疗愈"

很多心理咨询师发现，悲伤是告别不幸过去的必经之路，也是另一种形式的"疗愈"。孩子们通过悲伤、哭泣，能够在相对低压、平缓的心境中逐渐接受那些让自己难过的事情。而且他们的悲伤是一种很好的表达，他们在表达自己的无力感，会在无形中吸引到别人的关注和帮助，建立起自己和他人互帮互助、互相抚慰的关系。还有一些悲伤，可以让孩子更容易被他人理解，也更容易获得他人的支持。

1.悲伤是一种告别的仪式

孩子们借由这些悲伤的情绪，缓解伤痛，释放内心感受到的伤害，也与伤害告别。

在幼儿园，我们经常看到小班的孩子会在与爸爸妈妈分离的一刻难过地哭泣。在女儿刚入园的时候，清晨会有半小时的时间由爸爸妈妈和孩子熟悉幼儿园的环境，然后爸爸妈妈再和孩子再见，孩子们在园里度过一上午的时光。当时我们遇见了另一个小女孩，坐在玩具区里哇哇哭，她爸爸拿着纸巾一点一点给小女孩擦眼泪，间或低声安慰几句，或者笑着逗一下小女

## 04 悲伤：孩子疗愈创伤的一种方式

孩。小女孩毫不领情，还是哭得惨兮兮。可半小时后，小女孩大概情绪释放得差不多了，安安静静地坐着，女儿拿过去几块积木，她俩安安静静地玩着，情绪逐渐稳定了下来。

入园这件事对很多孩子来说是比较难以接受的，会产生恐惧、焦虑、难过等多种情绪。小女孩的哭泣正是在释放入园给自己带来的这些内心压力，也是逐渐接纳和消化入园给自己生活带来的改变。但也有一些孩子，因为入园期流露出悲伤和哭泣，而受到大人不恰当的批评。

"大家都没哭，怎么就你哭啊？"

"你看别的小朋友玩得那么开心，你怎么不去玩？"

"再哭，爸爸妈妈不来接你了！"

这些话语，让正在经历悲伤的孩子雪上加霜。原本他们只需要面对入园这件事，受到批评和指责后还要面对"爸爸妈妈是不是还爱我"这个世界性难题，还要承担对比"别人家的孩子"而带来的羞愧，以及"爸爸妈妈不来接我了"的恐慌。

所以这时候恰当的做法是，放下评判与指责，接纳孩子的悲伤和无助，允许他们感受这些情绪的到来以及逐渐消退。可能这个时间会有点长，但是我们要有耐心，任何的悲伤都需要一定时间才能够逐渐退去。孩子也会在这个时间里获得新的成长。如果仅仅是批评几句，吼几声，孩子可能会迫于害怕而冷静下来，但是更多的情绪却积压在内心得不到释放，为以后的成长遗留下新的问题。

朋友家的孩子在入园时也经历过这个问题，她说有时候看到孩子哭泣自己也心疼，可是孩子哭得久了，她就会不耐烦，失去耐心。但反观孩子，每次哭完进到幼儿园，都能玩得开开心心，老师反馈日常表现也非常棒。这真的让她感觉很迷惑了。

可见，这些哭泣对孩子来说并不是多么糟糕的事情，他们在哭泣中向爸爸妈妈表达了自己的难过，当爸爸妈妈们接纳并看见他们的这些情绪，疗愈的作用就已经在产生了。孩子们也就能更容易接纳入园这件事了。这种情况的哭泣往往就是孩子调适自己内心的一种途经。孩子们的难过和悲伤，其实都在诉说自己感受到的伤害，并在这个过程中独自与那些不开心的事做告别。

2.悲伤让孩子学会接纳事实

大部分孩子在难过和悲伤中，逐渐接纳了事实。例如，懂得了入园是必须要去做的事情；明白了吃糖果不能吃太多；玩具被抢走了，需要自己想办法要回来。情绪上来的那一刻孩子无法解决问题，但是当情绪逐渐平复下来，孩子慢慢冷静了，解决问题的思路就清晰了。很多时候我们看到孩子哭就想要去制止，想要帮孩子解决，而有些时候，悲伤是孩子接纳事实的必经之路，这时候我们只需要陪伴和理解，孩子会在悲伤中学会成长。

3.悲伤让孩子得到必要的帮助和关怀

小孩子磕了会哭，这是常见的事情。与其抱怨周遭的事物，不如给孩子一个温暖的拥抱，"宝宝摔倒了，很疼是吗？来，妈妈抱抱，我们来看看受伤的地方吧！"坦然接纳这个过

## 04 悲伤：孩子疗愈创伤的一种方式

程，让孩子通过哭泣来缓解身体上的疼痛，要比推卸责任、抱怨他人带给孩子更多的平和与理性。还有在社交过程中，有的孩子受了委屈也会哭泣，这样的悲伤在社交中有着非常重要的作用。如果是孩子重要的伙伴，他看到孩子的哭泣，就会试着去安慰他，或者是提供一些别的帮助，而哭泣的孩子得到了抚慰也能够感受到社交的愉快，这同样是一种良性的互动。

当然也有的孩子哭了，但是小伙伴却不理不睬，这时候哭泣就能够让我们更了解孩子的需求，必要的时候我们也要帮一下孩子，引导他明确地表达出自己的需求，或者向对方提出更合理的建议，这都是社交能力培养的重要方面。

### 4.悲伤让孩子平复情绪，寻找新办法

我们都知道孩子陷入情绪中，大脑是无法进行充分思考并解决问题的，只有在他们表达悲伤后情绪逐渐平复下来，大脑的运作才协调有序。

有一次我女儿看到哥哥们在玩，自己加入不进去，就感到很难过。"他们不跟我玩，呜呜呜……"

"哦，欣欣觉得很失落啊，很想跟哥哥们玩是不是？"她点点头。

"我看哥哥们都在玩警察抓小偷的游戏，你想在这个游戏中扮演什么角色呢？"

"我也想扮演一个警察。"

"哦，那是一个很厉害的女警察呢！那你赶紧告诉哥哥们吧，一定更好玩！"

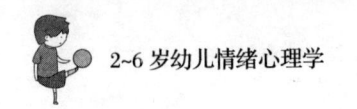

"可是我不敢去找他们啊。"

"那怎么样才能加入他们呢?"

"妈妈,你可以走过去,只对他们说一句话:'这个小妹妹想和你们一起玩耍。'这样就可以了。"

我:……

有些时候,我真的可以这样去做。但有些时候我发现她完全可以加入其中,只是小小的心理作用在作怪,我就让她尝试自己去找哥哥。有了哥哥的带动,她就能快速融入这些大伙伴的圈子了。这样小小的插曲在孩子们的游戏中经常出现。我们要注意的是接纳孩子的情绪,读懂他们难过背后的需求是什么,再用接纳和轻推的方式鼓励他们自己解决。这样一来,孩子们的情绪管理、解决问题、社交技能,就在一次又一次的尝试和体验中得到成长。

人在难过和悲伤的时候通常比较脆弱,就如同连绵的阴雨天,缺乏生气。但我们依然要引导孩子去感受悲伤这份自然的、天生存在的情绪。

5.死亡教育

死亡教育这个坎是很多大人也无法迈过的,一度我也不知道该怎么和孩子提,一开口就总是控制不了自己的情绪。我前段时间读了"loss & love"《永不分离的爱》这套书,里面给我最大的启发就是允许我们哀伤,然后鼓励我们带着爱继续前行。其中有一本《修理工》的绘本,没有过多地营造悲伤或者撕开情感的创口来赚取读者的眼泪,而是讲述妈妈病重时,女儿和爸爸的生活变化,最后妈妈去世后,女儿和爸爸互相陪伴一起生活的故事。图画中悲伤时的灰色调和平静时的明朗色彩,以一种无声的抚慰让人感受到安抚的力量。

我想死亡教育的初衷就是这样,它让我们的悲伤有了宣泄的出口,给了我们安抚、爱与支持。它接纳我们的悲伤,但并不刻意煽动我们陷入悲伤;它告诉我们死亡这个事实,更唤醒我们美好的回忆,以及对未来的期待。这对我们接纳和疏导孩子的悲伤也有很好的启发。

## 错误的处理方法,会累积更多的情绪问题

孩子哭,对很多大人而言是非常令人烦躁和崩溃的事情。有话好好说不行么?一直哭哭哭干什么?哭有什么用?这是很多父母的内心独白。再加上父母自身对情绪的认知有限,尤其在工作繁忙的时候,更无暇对孩子的情绪给予耐心的抚慰,所以难免会使用错误的方法来处理孩子的情绪。孩子在与父母的互动中习得情绪管理能力,错误的情绪处理方法也给孩子错误的示范。比如,否定孩子的情绪,容易让孩子压抑,找不到宣泄情绪的出口;忽视孩子的情绪,容易让孩子内心失落抑郁,积累更多的负面情绪。下面这几个误区,需要我们格外注意避免。

错误方法一:哭声免疫

在儿童教育领域最典型的"止哭"方法就是行为主义创始

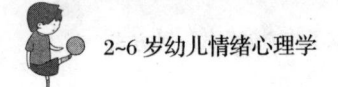

人约翰·华生提出的哭声免疫法,运用到一些父母身上,通常就是以下的表述:

哭就哭吧,别理他,过会就不哭了。

哭了别抱,别劝,惯得他这些坏习惯!等不哭了我才给奖励!

什么时候止住哭,好好说话,我们再来解决问题!

华生创造了一系列的哭声免疫法、完整睡眠训练法,认为这些方法可以训练出一个让父母省心省力的乖宝宝,只不过很少有人了解华生这个实验产生的深远影响。华生认为对待儿童要尊重,但是要超脱情感因素,以免养成依赖父母的恶习。他的儿子们对华生的描述是这样的:"没有同情心,情绪上是无法沟通的。他不自觉地剥夺了我和我兄弟的任何一种感情基础。"被哭声免疫法养育长大的孩子,后来轻则睡眠障碍,重则人格障碍甚至精神分裂。华生的大儿子雷纳虽然是精神分析学家,但是情感创伤太过严重,曾多次自杀,后在三十多岁时自杀身亡。他前妻的两个孩子以及他的外孙女都遭受着不同程度的精神创伤,频繁酗酒甚至多次自杀。直到后来,"亲密育儿"的理念才逐渐走进大众视野,但哭声免疫法依然给部分家庭遗留下情感的创伤。

错误方法二:冷淡忽视

别理他,让他自己哭!

没事,他自己哭完就好了,我们该忙啥忙啥。不用理!

这种方法相当于冷暴力。我们都知道情绪是有衰退期的,

再强烈的情绪随着时间的推移也会慢慢淡化。因此有的父母会采取这样的方法让孩子哭一会儿再解决。但这个分寸感并不是那么容易把握，有的孩子能够感受到父母是接纳自己，允许自己通过哭泣来调节自己的情绪；而有的孩子感受到的却是父母对自己不管不问，任由自己哭泣，他们却毫不关心，甚至谈笑风生。这里我们要警惕这种冷淡忽视的做法，因为它很可能让孩子和父母关系疏远，无法让孩子得到内心舒展的成长。

有一次小可想和朋友玩，被朋友拒绝了，但是小可真的很想参与他们的游戏，就委屈地哭了。妈妈鼓励小可大胆地参与其中，小可却依然不知道该怎么办。最后妈妈不耐烦地说那你就别去玩了！说着妈妈就打电话和朋友聊天去了。

这让小可感觉更加难过。有时候接纳孩子的情绪并进行有效疏导并不是一件容易的事情，可能我们的耐心陪伴换来的并不是孩子立竿见影的成长，可能孩子依然在情绪的泥潭里纠结，但我们依然要相信，这值得我们一次又一次去尝试，值得我们付出更多的耐心去陪伴他们。被善待、被理解过的孩子，有更多的力量去爱、去成长。我相信，这些不经意间的呵护，会在孩子心底打上一抹温暖的亮色，温润而柔和地萦绕在孩子的生命之中。

错误方法三：否定指责

这种方法对于控制型家长来说是很常见的。当孩子出现悲伤情绪时，他们最大的感受就是，有什么大不了的？好好的怎么非得要难过伤心呢？他们通常自身能力较强，极少有悲伤情

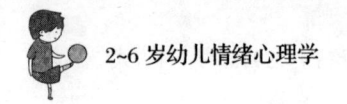

绪，因此很难对孩子的悲伤感同身受。

小时候我不太记得这种不被接纳的感受是什么，但是长大后确实有一次真的印象深刻。明明自己感觉很难过，可是父母却觉得是无所谓的小事，这种矛盾的感受更是雪上加霜。明明很难过，却又觉得难过是不对的，既有悲伤，又有内疚，还为自己不能阻止自己的难过而羞愧、烦闷，甚至厌弃自己。

长大后学习情绪心理学，我才了解到我们的任何情绪都可以被接纳。我们的感受都是真实的，是属于我们自己的，和别人并不相同。因此成为妈妈以后我对孩子的情绪也有了更多的理解和接纳。

## 孩子悲伤时，五个步骤帮你 妥善处理孩子的情绪

当孩子在遭遇悲伤等极端情绪时，一般会出现情绪崩溃、哭泣等外在的行为表现。有的人会觉得孩子哭泣是软弱、没出息的表现，也有的人觉得爱哭的孩子很娇气、小题大做、太依赖父母，这都是站在大人权威的角度来评判孩子时产生的一些"误判"。

有一次在游乐场玩，有个孩子和小朋友发生了冲突，哇哇哭着回去找爸爸妈妈。哭泣让这个孩子说话都不利索了，又委屈又可怜。孩子爸爸一看儿子这副样子回来，脸就沉下来了：

## 04 悲伤：孩子疗愈创伤的一种方式

"哭什么？看你那点出息，多大点事就哭！好好把话说清楚，再哭就别在这里玩了！"

爸爸的思路是对的，遇事要解决问题，好好说话，哭是解决不了问题的。但孩子的反应也是真实而正常的，在遇到问题又不知道怎么解决时，孩子的哭泣来源于无奈之下的难过与悲伤。此时此刻，孩子的大脑中，掌管情绪的按钮就被打开了，大脑处于停机的状态，这种状态下孩子无法有条理地思考，更别提解决问题了。

而爸爸的行为显然是想让孩子跳过情绪调节的这个坎，直接进入理性的解决问题的状态，这对2~6岁的孩子来说是非常不现实的。因为他们的上脑发育并没有那么完善，无法进行良好的情绪管理。这也就是为什么我们经常看到有些孩子哭闹时，大人越批评，哭闹越厉害，最后撒泼打滚、不可收拾。

我们要了解孩子情绪爆发时的大脑状态，孩子被触发情绪机制之后，需要的是情绪管理训练来帮助他平复心情，而不是更大声的吼叫、更严厉的批评或者更强烈的情绪。而且根据镜像神经元的理论，孩子的情绪触发了大人的情绪，大人的情绪又进一步激化了孩子的情绪，很多情绪失控、亲子冲突的场景就是这样发生的。

因此在孩子悲伤时，下面这五个步骤可以让我们更加妥善地疏导孩子的情绪问题。

1.与孩子共情，理解孩子的悲伤

这一步看似简单，真正的共情却并不是那么容易。美国人本主义心理学大师罗杰斯曾这样定义共情：共情或共情状态，是指准确地、带有情绪色彩地觉察另一个人的内在参照系，就好像你就是他，但又永远不失去"好像"的状态。

当孩子因为没有得到老师的奖励而伤心的时候，我们可能会说："孩子，你看上去很难过。"这最多会让孩子点点头，同意我们的判断。真正的共情，还带着一种理解："孩子，你看到别的小朋友得到了奖励，而你也很认真地去完成了任务，却没有得到奖励，心里一定很难过。"这样的理解因其具体和真诚而更容易让孩子感受到被理解、被抚慰的力量。

还有的父母可能会不耐烦地说："好啦好啦，我知道你很难过了，可我也没办法啊，老师就是这么做的！"这样的回应更像是父母的牢骚，而不是给孩子疏导情绪。因此理解需要我们真正走进孩子心里，看到为什么他那么难过。对于2~6岁的孩子而言，肢体动作和表情也很关键。一个关切的眼神，一个无声的拥抱，摸摸头，拍拍肩，都能够让孩子们得到安抚，感受到来自父母的爱。被爱包容的孩子，会有更多的能量来抵御悲伤。

2.识别悲伤，准确表达难过情绪

情绪管理是一个微妙而精细的话题，需要我们沉下心来，静静聆听孩子内心的感受，并学会引导孩子表达自己的感受。这一步似乎也很简单，因为小孩子的情绪比较外显，大人一眼看去就知道孩子是生气还是难过，所以有时候，我们就直接跳过表达情绪这个步骤，切入解决问题这个环节。这是一种大人的思维。小孩子是不会这样思考的。

04 悲伤：孩子疗愈创伤的一种方式

　　小孩子的思考模式是以情绪为先，在情绪平复下来之前，他们几乎不会思考其他的问题。因此我们一定不要以为我们看到了孩子的难过，孩子就知道自己难过。我们需要用语言告诉孩子："你现在很难过，对吗？"如果父母和孩子产生共情，孩子对父母非常信赖，那么这个小小的问题能够激发孩子运用理性的上脑进行判断：我现在很难过。孩子陷入难过时是下脑在活跃，而孩子进行了这个简单的思考，他的上脑就会被启动，表现在具体行为上，孩子可能会暂停哭泣，或者哭声变小，点头回应，甚至有的孩子一旦感受到这种接纳，会立刻和家长说自己难过的原因。而这在孩子冷静下来之前是比较难做到的。

　　当然在具体的情境中，我们还需要多让孩子了解一些与悲伤有关的词汇，如失落、失望、难过、孤单、挫败、沮丧等。

　　3.慢下来，给孩子暂停的时间

　　有些时候，孩子想着快点解决问题，家长也想着尽快制止孩子哭闹，所以我们总是想立刻切入问题本质。可是悲伤中的孩子并不能立刻就冷静下来、进行高阶的思考与判断。尤其是2~6岁的孩子，尽管他们可能哭声变小，抽抽搭搭，但并没有完全冷静下来，因此这时候想出的问题解决方案往往也不够好。他们可能会想"我想要个玩具替换一下""我要去吃一块糖果"等，一旦触碰到真正的问题——老师不给发奖励怎么办，他们的情绪依然会出现一些波动。

　　这时候我们要细心观察孩子的状态，看看孩子是真正冷静

111

下来，还是正在平复中。如果孩子平复的时间比较长，我们可以通过简单的游戏，如散步、读书、一起看风景等，让孩子真正放松下来再去解决问题。

4.耐心倾听，引导孩子描述事实

孩子真正平复下来之后才是解决问题的开始。这时候，我们要做的只有两件事：一是关紧嘴巴，二是如果要说话就重复孩子的话。

"啊，原来某某小朋友是因为坐得端正得到了奖励啊！"

"哦，那时候你去放小凳子了。"

"哦，放小凳子之后回来的有一点点晚。"

你可能会觉得小孩子听我们这样的回应肯定觉得很烦，但对于2~6岁的孩子而言，他们渴望我们的认真倾听，所以听到父母这样的回应，会感受到父母的接纳和理解，感受到这份安全感和包容。

在这个过程中，你可能会听到一些这样的话："老师她一定不喜欢我了。"这是孩子的主观判断，而不是描述事实。我们可以顺势启发孩子："为什么这么说呢？"

"她给别的小朋友奖励，就没有给我。"

"你很喜欢老师，没有得到奖励你一定有点失落，对吗？"

"对啊，以前老师都给我奖励的。"

"啊，那都是什么时候呢？"

"有一次我画的花很漂亮，得到了大红花；还有一次我午餐做到了光盘，也得到了奖励。"

"真好,你的努力被老师看到了,真是一件开心的事情。"

"那当然,看大红花就贴在床头呢!"

这一段对话,我们能够把孩子对老师的主观推测,怀疑自己是不是被老师喜欢,引到自己哪些时候得到了奖励,回顾自己的高光时刻,让孩子重建信心,也能够在一定程度上走出难过的情绪。孩子这时候也可能还会说"我总是得不到奖励",我们也可以通过这样的引导,找到孩子得到奖励的那些时刻。记住这时候暂时可以不要提醒"下次我们要努力啊""你看,你可别再捣乱啦",这样的说教在孩子沉浸在情绪中时是很难走到孩子内心的。

5.头脑风暴,寻找更好的解决方案

往往经过前四步的努力,这时候孩子基本上已经冷静下来了,并且对自己经历的事情有了大致清晰的判断。接下来我们就要根据孩子的认知能力、年龄特点,商讨解决问题的方案了。那么,没有得到奖励,感觉有些难过,你可以做点什么事情让自己开心起来?可以做些什么让自己得到奖励呢?

两三岁的小孩子如果一时想不起来,我们可以给出提示让孩子做选择:你会憋在心里自己生气,还是把这件事情告诉老师和爸爸妈妈呢?

对3岁以上的孩子我们可以直接问问题,听听孩子的想法。

"妈妈也很为你骄傲!对了,你说如果你的努力没有被看到,你还是不是一个很棒的宝贝呢?"

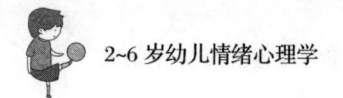

这时候孩子可能有点疑惑，没有得到奖励还棒不棒呢？

"好像是有点棒吧。"

"妈妈也觉得是这样，下次你会怎么做呢？"

"下次我放小凳子要快一点。"

"那如果人很多呢？"

"如果人很多那就不能拥挤，还得注意安全。实在得不到大红花我也是很棒的！"

"你会做点什么让自己开心起来呢？"

"我想和妈妈一起画一会儿画，也会和我的好朋友一起玩彩泥。"

总之，在这个时候，孩子们可以想到什么说什么，确定几个孩子喜欢又合理的方案，我们可以通过图画的方式画下来，让孩子慢慢去尝试这些做法。在真正的活动中，孩子还会有更深刻的体验和收获。

## 游戏力育儿，疗愈孩子的内心创伤

对2~6岁的幼儿而言，活动和游戏是他们习得技能的最佳方式。劳伦斯·科恩在《游戏力》和《游戏力2》这两本书中也分享了很多疗愈孩子内心创伤的游戏，我和孩子也非常喜欢玩。从这套书中我感受到的是作者那种发自内心的平和与幽默，在和孩子相处时放下自己的压力和担忧，轻松地和孩子玩

起来，往往一些问题也就迎刃而解了。下面这几种是我和孩子改编之后的游戏，玩起来真的超级有趣，在孩子遭遇情绪问题的时候，我们可以在第三步"暂停的时间"中和孩子玩一会儿，效果是非常棒的！

1.假装幽默的弱者

当孩子情绪低落的时候，我们也可以假装自己是个遇到了困难的小动物，或者是孩子喜欢的其他角色，然后解决不了问题，一边假装哭一边制造出一些搞笑的混乱，如夸张的表情，做鬼脸，没有形象地躺下或者蒙着围巾等。

有的孩子对入园总是有些抵触，出现不同程度的伤心、沮丧、排斥等情绪，这时候大人就可以假装为一个粘人的大怪物，或者说："我是一块巨大的黏黏糖，我要粘住你"。然后大人可以在这个游戏中温柔又亲密地抱住宝宝，也可以只抱住宝宝的胳膊、腿或者捧住他的脸，假装被粘住了："啊，我的手拿不下来了！我被粘住啦！""你不要走，我已经被你粘住了，你不准离开我哦！"我们可以通过稍稍逗趣一点的方式说出他们的心里话，往往这时候孩子有一种被爸爸妈妈紧紧环抱的安全感和被理解的释然。

根据幼儿遇到的问题，我们创设情境玩这一类的亲子游戏，可以在很大程度上缓解幼儿的焦虑不安、忐忑伤心等情绪。

2.对抗游戏

尽管男孩更喜欢打闹，但事实证明不管是男孩女孩，他们对于对抗游戏都有一种迷之喜爱。所谓对抗,就是双方的力量角逐,正常情况下,幼儿和大人的力量相差巨大,但是在游戏中,我们可以激发孩子用尽自己的全力,这样我们就能感受到来自孩子的力量,我们再给孩子一个大致对等的反向力,在力量的对抗中感受我们之间的亲近感。

做这个游戏时要注意力量不能太大,防止小孩子关节受伤等情况。有时我们会把这个游戏用在一个宽敞的房间里,我和孩子手推手,你推我后退一步,我再努力前进一步;也可以两个人靠在墙上,你朝我挤,我也朝你挤,谁都挤不过谁,但谁都可以在挤压中感受到欢乐;我还会把这个游戏用在一家四口中,有时是我和老公一组,对抗两个孩子,有时我和其中一个孩子一组,四人的对抗往往更热闹、更有趣。

这一类的游戏在力量的对抗中,因为有了父母的保护,让孩子既感受到了对抗的刺激,又感受到温暖的爱,可以很好地释放内心的负面情绪。

3.户外游戏

前文我们提到过大自然对情绪的调节和疗愈功能,在户外活动中,有非常多适合亲子之间玩的游戏,大致可以划分为活动类和假想类。活动类可以是在大自然中放风筝、堆沙堡和做小制作、小手工,这样的游戏利用大自然的环境,创设游戏情境,让孩子在丰富的体验中玩耍。例如,在草长莺飞的时节,一起制作风筝,一起放飞,看着风筝越飞越高,孩子们的笑声也从心底飞到了高远的天空中;在荷花盛开的池边写生,观察荷花和荷叶的形态，在接天莲叶间划船出游，过一个清爽的夏日；还可以捡拾秋天多彩的树叶，粘贴成树叶画，在纵横阡陌间嬉戏打闹，感受丰收的喜悦；还可以满怀期待地等一场雪，一起堆雪人，打雪仗，感受纯洁浪漫的冰雪世界……大自然时时有奥妙，处处是景致，我们可以和孩子做个生活的有心人，发现更多的美好。心中常存美好的孩子，更洒脱、更有底气，在遇到问题时也能更好地管理自己的情绪。

假想类的游戏玩法也非常多，2~6岁的孩子想象力丰富，我们可以借助这个机会，使用一些小道具、小玩具，让孩子进行假想游戏。比如在美丽绚烂的春天，孩子可以假装自己是一只小蝴蝶，穿着美丽的衣服。你想飞到哪里去呢？你看到了什么样的风景呢？你最喜欢哪朵花？它是什么样子的呀？假想游戏创设了情境，还与周围的现实结合起来，可以启发孩子们观察、思考、想象，寻找自己喜欢的话题。在玩耍中，我们和孩子的情感联结更深刻，爱的表达更充分，这是孩子成长的最大动力。

4.哈哈大笑的游戏

无厘头的哈哈大笑往往有着很强的感染力，这个游戏在于简单，更在于这份毫无理由的欢乐。记得有一次和孩子们一起玩耍时，不到2岁的女儿嘴瓢把"小猫喵喵，我给你吃馒头"说成了"小猫，我给你吃喵……"，恰好被我录下来了，两个孩子觉得这太有趣了，每次都故意说这句话，然后哈哈大笑一阵。

这类游戏不用很刻意地营造氛围或者是寻找什么由头，有时我会伸出一根手指戳戳孩子们的手臂，他们就很默契地也伸

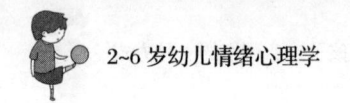

出了手指，哈哈大笑着玩起来。最简单的游戏带来最纯粹的开心，平淡的生活中因为有了这些小情调、小趣味而有了更多的色彩。

5.情绪的小手指

在儿童戏剧游戏中有很多类似的小游戏，可以帮孩子认知情绪。我们可以让孩子伸出一个小手指，然后告诉孩子"这是一个很自信的小手指""这是有点难过的小手指""现在它很开心""它有点骄傲呢""它有点激动""它被吓坏了""它很不安，不知道该怎么办了"通过这样的一些描述，让孩子在动作中感受情绪的流动，感受我们在遇到情绪时的一些反应。同样我们还可以让孩子伸出一只脚、伸出手臂，或者是用全身的动作来进行演示游戏。有了游戏这个外壳，孩子们就能大胆地展示自己的情绪，这对于认知情绪和疏导情绪都有很不错的效果。

当然生活中适合儿童的游戏还有很多，我身边的妈妈们有的特别善于根据绘本来创编游戏，根据孩子们喜好创编游戏，这样更有针对性，孩子们也更喜欢。只需要知道，作为父母，我们也要有一份轻松的心态，升级打怪的过程何其简单，笑对其中、幽默应对，不也是一种很好的方法吗？

## 疑点直击：这些情境该怎么办

孩子的悲伤情绪在现实生活中也分很多种情况，不同孩子

04 悲伤：孩子疗愈创伤的一种方式

的处理方式也有细微的区别，并且受到家庭教养方式、儿童成长环境、性格特质等多方面的影响。下面四个问题是在和家长研讨情绪问题时经常遇到的一些疑问。

1.一直沉浸在悲伤中，这也是情绪调解吗

我们提倡应该接纳孩子的情绪，接纳的意思是理解并肯定孩子的情绪，给孩子的情绪一定的时间和空间。允许孩子哭一会儿而不必立刻调整好；允许孩子在理解事实之后难过一会儿，而不必立即参与集体活动；允许孩子一个人在喜欢的书房待一会儿，而不必立刻想出办法做出理性的决定……这些都是要根据孩子的实际情况进行的。

但如果孩子一直沉浸在悲伤中，时间比较久，我们就要留心，孩子的悲伤可能没有得到足够的疏导。这时候，"邀请"往往是一个比较委婉而温和的方式。"我们一起去玩你喜欢的乐高怎么样？""我们一起读一读你最喜欢的《屁屁侦探》好吗？""要不我们去公园里散散步吧？"和孩子朝夕相处的我们，可以轻松地找到孩子喜欢的事，邀请而非强迫孩子试着走出来，往往对孩子的情绪有更好的调节。

2.一点小事就哭，这也得接纳吗

父母觉得无法接纳孩子的时候，不要强迫自己接纳。我们可以先让自己想想"一点小事就哭"这个结果是怎样产生的。

可能存在这种情况，这一点小事是"压倒骆驼的最后一根稻草"，如果孩子之前已经遇到不太开心的事，尽管比较小，也可能会消耗他的积极情绪，让他在某一刻爆发出来。这时候

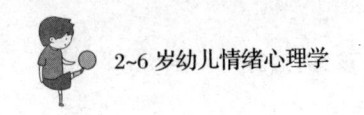

就要耐心倾听孩子，待他发泄情绪之后再帮助他妥善处理这一系列的问题。当然，生活中我们也要更加敏锐地注意到孩子的情绪状态，避免这种积少成多造成的情绪爆发。

还有一种情况，孩子可能把哭当作一种解决问题的办法，一哭爸爸妈妈就来了，一哭别人就能替自己解决问题，这样的孩子解决问题能力弱，久而久之面对问题更加不知所措。我们可以逐渐教会他们解决的办法，在一定程度上鼓励孩子自己解决，如"妈妈陪着你，你可以自己尝试一下哦！"小步尝试，正向反馈，让孩子感受到自己解决问题的成就感。

3.父母也很悲伤，给不了孩子足够的能量怎么办

人到中年的父母，身心承受着巨大的压力，有时我们暴怒、暴吼、暴躁，可能仅仅是因为我们累了。当父母也陷入悲伤等负面情绪时，不要急着去处理孩子的问题，可以找家人帮忙，或者在安全的范围内，让孩子暂时玩玩别的玩具，看一会儿喜欢的动画片缓解一下。

而我们就要借这个短暂的时间让自己放松一下，深呼吸，做正念冥想，找人倾诉，听会音乐，或者做些其他喜欢的事情，让自己也能得到一些抚慰。

记得在这些情况下告诉孩子："妈妈很累，妈妈需要休息一下。"亲身示范我们是如何表达和管理自己情绪的，让他们知道每个人都有情绪，每个人都可以从情绪中得到能量。

4.孩子一哭闹就很烦躁怎么办

偶尔出现这种情况可能是因为我们自己太疲惫，没有足够

## 04 悲伤：孩子疗愈创伤的一种方式

的能量，经常遇到这种情况，甚至看到孩子哭闹自己容易情绪失控，那需要我们对自己的内在做一个觉察。我们可以问问自己，我们小时候有没有遇到过类似的情境？那时候大人是怎么样的反应？往往童年的一些记忆和经历，会在潜意识中影响着我们的行为模式。必要的时候我们需要一些专业的人士用一些科学的方法帮助我们缓解自己的情绪。

还有一个非常实用的方法就是在日常生活中注意调节自己的情绪，防止自己因为过于忙碌而忘了照顾自己的内心。我们可以问问自己：

在孩子哭的时候我们在担心什么？

这些担心是合理的还是不够合理的？

我们对事实是否存在一些不恰当的理解和诠释，导致我们心理压力增大？

我们可以对自己的大脑说些什么来安抚大脑中的烦躁呢？

我们的烦躁给了我们怎样的提醒？

我们可以对这份烦躁说些什么？

通过类似的问题我们可以找到自己为什么会这么烦躁，以及友好地与这份烦躁相处。烦躁固然是负面情绪，但它也是我们内心真实的照影，它需要我们的接纳和看见，更需要我们体贴地理解它，温柔地对待它，而不是忽视它压抑它，或者放任它走向崩溃。

# 05 愤怒：

## 孩子行动的力量之泉

愤怒的能量很强大，它往往携带着指责、抱怨、愤懑与痛苦。这是因为激发它的事件往往对当事人来说是极为重要且超出承受范围的。对小孩子来说，他们表达愤怒的方式很直接，简单粗暴，撒泼哭闹，这些坏行为常常最先跳出来，以至于我们无暇顾及孩子真正的愤怒情绪以及愤怒背后的原因。

这才是最需要我们的地方——如何教孩子表达愤怒？如何克制自己、从孩子的愤怒里找到根源并有效引导？如何用愤怒的力量激发孩子积极行动？

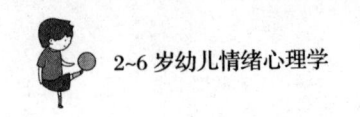

## 放下评判,才能走进孩子愤怒的内心世界

愤怒是2~6岁幼儿常见的一种强烈的情绪,往往是由孩子内心对外部刺激产生强烈冲突和排斥引起的情绪爆发。生活中如果孩子被不公平对待、被冒犯、被攻击、被威胁、被阻止、受挫等,都会引发他们的愤怒情绪。这时,他们大脑中的脑干部分(也就是动物脑)非常活跃,而前额叶(掌握理性思维的部分)陷入沉寂状态,无法进行理性思考和高级的思维活动。这也就是为什么人们常说,在愤怒时不要做决定,不要和愤怒的人一般见识,因为愤怒中的人是冲动的、不理性的。一个陷入愤怒的孩子更是如此。

还记得壮壮在2岁左右开始尝试较有难度的乐高搭建,但是乐高的卡扣扣不紧,导致他的乐高模型一次又一次倒塌,尝试几次依然失败后他非常愤怒,就把乐高玩具摔在了一边,气得哭了起来。这就是一种因为屡屡受挫而导致的愤怒情绪。

这种愤怒往往来得非常快,孩子的表达也很直接。引导时我们除了看到表象——他们受挫,更要引导孩子的内在——遇到挫败时怎么办。2~6岁的孩子能力有所欠缺,遭遇失败是经常发生的事。

有一次我在工作,3岁的壮壮在玩一款平衡玩具,玩了几次依然没有到达终点,他又有些急躁和愤怒了。我的情绪也被感染了,一句话脱口而出:"下次妈妈不想给你买这种玩具了!"我说完他的情绪更着急了,而我也突然意识到,这款玩具的难度对他来说确实有点大。我也想抱怨他,指责他,可是多年的学习和实践让我知道这样除了发泄我自己的情绪之外,对他来说没有任何帮助,反而影响他看待问题的方式和情绪管理的方式。

稍稍给自己做了一个暂停,安抚好了自己的情绪之后我换了一种沟通方式——

"宝贝,你很想让这个小珠子走到终点对吗?"

儿子眼睛含着泪水点了点头。

但是尝试了几次都没成功,所以他很着急也很生气。

他哽咽着说:"嗯,小珠子一点也不听话。"说着他拿起玩具使劲甩了甩,想把小珠子甩到终点去。

"啊,你别动,我发现了一个问题!"

儿子被我夸张的神情吸引了,有了短暂的冷静。

"你瞧,在你甩动的时候,小珠子走到哪里了?"

儿子用手指了指一个拐角的位置,他也发现了那里有阻断,小珠子根本无法通过。

于是他把玩具稍微倾斜了一点点,小珠子往下滑动的时候,他又赶紧保持平稳,让小珠子拐到另一个弯道上去。

就这样一点一点终于到达了终点。

在孩子挫败时,我们对他们情绪的回应,决定着孩子们接下来如何应对他们的挫败。如果能得到比较恰当的引导,那么孩子就会把挫败当作一个正常的过程,他们依然可以寻找更

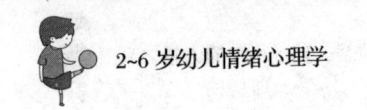

好的办法或者寻求帮助来提高自己的技能,把他们正在做的事情做得更好,这是情绪管理的关键意义。我们希望通过良好的情绪管理,让孩子能够以更加积极的心态、更加强大的内心去成长。

有时候孩子的愤怒还可能因为别人冒犯了自己,或者是突破了自己的界限。例如,有一次早上洗脸的时候,因为着急上学,壮壮就抓起妹妹的粉色小毛巾擦了脸,这可把妹妹气坏了。一整个早上都在念叨哥哥弄湿了她的毛巾。这种愤怒就是在表达自己界限,自己的毛巾不允许他人使用。

专家们总结出幼儿容易产生愤怒的情形,包括以下这些方面:

不能拥有期待已久的东西;

在做喜欢的事情时遭遇挫败感;

表达自己的需求和渴望时被否定、被忽视;

感到不知所措、无能为力;

父母或其他家人不遵守诺言;

自己的权益受到严重侵犯;

自己说一不二,家庭里毫无原则。

总体来看,2~6岁孩子的愤怒表现在具体行为上有这样几种情况。

### 1.直接爆发

打滚哭闹、撒泼大吼大叫、打人等,这都是孩子自身的利益受到危害、愿望得不到满足时出现的情绪失控。我们经常看到在商场中，孩子想要买玩具，家长不给买，孩子就直接在商场大哭大闹，这就是一种最直接的爆发。直接爆发的好处是，家长一下就能感知到孩子愤怒的信号，知道孩子愤怒的直接原因是什么，因此引导时也更加有针对性。

2.迁怒

这种迁怒往往是迁怒于比他弱小的人或者东西。例如，有的孩子被一些大孩子欺负了，他可能不敢对大孩子进行还击，但他有可能会回家欺负自己的弟弟妹妹，也可能回家为难自己养的小动物，甚至可能会破坏公物，摔东西，扔玩具等。因为这些迁怒的行为与孩子愤怒的起源往往没有直接关系，所以家长往往看到眼中的是孩子的不良行为——"你看，这孩子又无理取闹了""他又无缘无故摔东西了"——却看不到引发孩子愤怒的那件事。所以这种情况家长引导孩子就相对困难，需要家长更加耐心地和孩子沟通，了解愤怒源自哪里。

3.压抑、回避愤怒

有些孩子会采取不交流、不说话、不行动或者行动迟缓的方式来表达愤怒，还有的会出现无所谓或者表情呆滞等情况。这样的表现也与某些孩子的先天特质有一定的关系，如冷静型的孩子相对来说就不太容易过度地表达愤怒。他们有可能在家长的安抚下，很快调整好自己。也有可能因为缺乏家长的疏导而去回避自己内心的情绪。这样的情况下就需要细心的家长对孩子多加观察和了解，多关注孩子的情绪，引导孩子大胆表达自己的愤怒和需求。

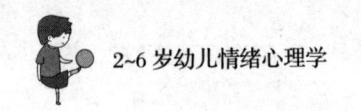

4.攻击自己

有的小孩子会出现用拳头捶打自己的头,或者用头撞别人的行为,这也是因为他们在愤怒的情形下不知道如何表达自己,转而进行攻击自己。这些其实都需要科学的情绪管理方法来帮助孩子们表达和宣泄愤怒。

总体来说,愤怒是不良情绪无处宣泄引发的一种强烈的情感爆发。小孩子的表达能力有限,当他们遇到完全无法解决的问题时,如果父母不及时有效地帮助疏导他们内在的情绪,就很容易给他们的内心造成无法弥补的伤害。因此,我们需要全面了解孩子愤怒产生的原因、愤怒的表达形式,我们才能知道孩子的愤怒并不是他故意在跟我们对抗,也不是故意给我们找麻烦。

愤怒是孩子遭到了外界的一些阻力之后不知道如何解决而进行的一种强烈的控诉。当我们对愤怒有这样一个清晰的认识,就可以尝试在孩子愤怒时,先放下评判,忘掉那些不理性的话,如"你真是个暴躁的孩子""发火是不对的,好好说话!""下次再也不给你买玩具了"。我们需要真正走进孩子愤怒的内心,从层层怒火中,从失控的情绪里,抽丝剥茧,找到孩子的真实需求,看到他内心渴望美好、想要成长的内在能量。

## 勇敢地正视愤怒,拥抱失控背后的能量

德国哲学家康德曾说,生气是拿别人的错误惩罚自己。我

## 05 愤怒：孩子行动的力量之泉

们常用这句话来安慰处于愤怒中的人，这是有一定道理的，它让我们意识到，愤怒是由外在的一些因素激发的，同时愤怒对我们的身心是有伤害性的。因此生活当中我们也常常对愤怒抱有一种畏惧和抵触的心理。有的父母或者爷爷、奶奶，甚至不敢在孩子面前谈愤怒。孩子发火之后，大人可能觉得好不容易把孩子安抚下来了，再一提刚才的事情，孩子说不定又要乱发脾气，这对大人来说的确是一个很大的挑战。但如果我们仅仅任由孩子发脾气，或是孩子发脾气之后，我们通过说教、训斥等方法让孩子意识到错误，这样暂时解决了一些问题，但从情绪管理的角度来说孩子依然没有学会表达愤怒的方法。

之前认识一个孩子，因为发脾气时打了别人，被爸爸妈妈严厉地批评了一顿。具体他们怎么沟通的我不得而知，但看孩子的行为，依然是喜欢拍打别人、抓别人，情绪说来就来。孩子的情绪管理是个漫长的过程，需要我们和孩子沉下心来，感受社交和沟通的快乐和成就感。"打人不对"只是其中的一个方面，还有很多问题，诸如"很生气的时候如何表达自己？""我为什么这么生气？""我生气的时候可以向谁求助？"等，这些问题解决好了，因愤怒而产生的一系列行为问题就迎刃而解了。

回避愤怒的可能会导致孩子内在心理压力过大。因为孩子发脾气是非常消耗身体和心理能量的。如果孩子在这个过程当中，没有对事情本身和自己的情绪有正确的认知，糊里糊涂地发泄，又被动地搁置，愤怒也可能会随着时间淡化下来。但是，愤怒的表达与疏导对孩子来说依然是个迈不去的坎儿。经常发火的孩子往往更容易烦躁，对事情没有耐心，这些负面的体验让他们对此类情形充满了抗拒，他们在遇到类似情况的时候，往往心理压力也更大。

回避愤怒还可能让孩子下意识地回避问题或者是不敢解决问题，连家长都不敢和孩子正面谈愤怒，孩子自己怎么敢于面对愤怒呢？之前听到一个妈妈和我分享，她说看到孩子发脾气时，就劝孩子不去理这些烦心事，或者拉着孩子出去玩玩，这种温和的陪伴能在当时给予孩子抚慰和冷静，但想要更好地解决问题，帮助孩子学会面对愤怒，我们还是要在孩子冷静下来之后一起聊聊愤怒的前因后果。如果妈妈始终不和孩子正面谈，孩子也会感觉不安，对孩子来说愤怒这种情绪就是一个模糊的灰色地带，让他不知所措。

此外，孩子也可能还会畏惧与别人发生冲突，隐藏自己的想法，或者漠视内心的需求。这些或多或少都在孩子的内心遗留下一些问题。作为爸爸妈妈，我们有责任敢于和孩子谈谈愤怒，敢于为孩子的愤怒兜底，了解愤怒存在的危害与作用。愤怒本身不可怕，不了解愤怒才让孩子对愤怒产生了慌乱。

显而易见，愤怒的危害是巨大的。

1.它影响大脑的运转

前面我们说过，当孩子愤怒时，他的动物脑（脑干）非常活跃，而大脑皮层处于沉寂的状态无法进行理性思考。如果孩子经常在遇到事情的时候产生愤怒情绪，那么外在的刺激就与动物脑（脑干）的活跃之间建立了强大的联系，一旦遇到自己不开心的事情，或者得不到满足，他的动物脑立刻就会活跃起来，出现情绪失控的情况，久而久之这会形成一种惯性和模式，严重影响孩子的情绪管理和大脑的运作。

2.愤怒还影响着孩子的身心健康

愤怒时心跳加快，心理压力增大，很多孩子还会出现头痛、乏力等情况，对身体是一种极大的消耗，在心理上也会累积更多负面的情绪。另外，愤怒还有可能让孩子失去理智，造成更严重的后果。如果任由愤怒掌控自己的大脑和思维，那么孩子可能就会做出一些缺乏理智的事情，甚至造成难以弥补的伤害，而他们往往意识不到为什么自己会做出这样的反应。我认识一个家长，他从小被父母打骂，曾经觉得父母打孩子是非常可恶的事，可是他如今当了爸爸，也会经常因为一点小事打骂孩子，甚至他都没发现自己已经形成这种行为模式。每次打完孩子他都觉得孩子实在太调皮了，不打不行。这样把责任推到孩子身上，不反思自己的教育方式，会对孩子造成连续性的伤害。

愤怒情绪有很多负面作用，那么这一情绪存在的意义是什么呢？美国著名的心理医生贝弗莉·恩格尔认为，愤怒情绪是一种正常、合理的情绪，承认并理解你的愤怒，可能是你成长的一门好课。我们每个人在受到外界的刺激和挑衅时，都会出现愤怒的情绪。借由这种情绪，孩子表达出外部世界与自己内心需要之间的界限，这也是孩子表达自己、保护自己的界限。

同时，愤怒也具有一定的目的性。某些时候，通过愤怒，我们可以更加有效地让对方了解我们的想法，知道我们坚持的信念是什么，这能让别人更好地配合我们或者达成我们的需求，有助于建立良好的人际关系。

因此，我们要善于帮助孩子找到愤怒背后的积极能量，然后教给孩子正确疏导愤怒的方法和更好地表达内心需求的沟通方式，让孩子学会维护自己的权益，通过更好的情绪管理方式和表达方式，满足内心的需求。通过对愤怒的了解，我们也会知道孩子真实想法，更有效地帮助孩子。同时我们也要让孩子在愤怒中知道自己与别人的界限，知道如何更好地对别人不恰当的行为进行反馈，如何坚定地表达我们的底线。同时，我们作为父母也要调整好自己，不要以暴制暴，避免引起孩子更大的愤怒。

愤怒情绪的管理，更需要我们学会表达，而不是逃避或者肆意宣泄。

## 帮助愤怒中的"小暴龙"，你需要这四步

这里我们用"帮助"这个词，而不是"教训""管教""惩罚"等词语，是有深刻原因的。

在网络上我们常看到家长们各种各样的求助问题：

孩子快3岁了，总是乱发脾气、打人，该不该狠狠教训他

## 05 愤怒：孩子行动的力量之泉

一顿？

"不买我就不起来！"5岁女孩撒泼打滚要玩具，父亲原地看3小时不制止，如果你是家长有什么更好的教育方式？

大班男孩，一点小事就撒泼哭闹，打也不听骂也不听，想好好哄一哄，可越哄他越来劲，该怎么管教呢？

愤怒中的孩子那可真是一只失控的"小暴龙"。前几天朋友就和我说，因为他家5岁的儿子发脾气没完没了，他一气之下把孩子教训了一顿。要说事后不心疼不后悔，那肯定是假的，可当时看着熊孩子这无理取闹、撒泼打滚的样子，真心咽不下那口气！再不管可不就废了吗？

几十年前，可能有些老一辈的父母会用打骂的方式压制住孩子的怒火。但随着对教育心理学研究的逐渐深入，我们知道这样的方式终究不是长久之计，父母们也渴望更好的方式来解决这个问题。孩子们究竟为什么会发脾气？大人又该怎么帮助引导呢？这还要从幼儿对内心需求的表达说起。

大部分父母都记得小婴儿出生时嗷嗷待哺的可爱模样，也理解那时候的他们，如果哭了，肯定是因为饿了、困了或者是尿了等原因。可当孩子会说话了，会表达了，父母们就很容易以为会说话的孩子，就能够正确地表达自己的需求了。其实对于2~6岁的孩子而言，语言只是他们表达正常需求的方式之一。很多时候，当孩子无法理性地表达自己的需求，或者内心的需求得不到满足时，哭闹、发脾气，甚至打人都有可能成为他们向大人求助的方式。

还记得我们家大宝2岁多的时候,有一天我下班回家陪他玩,发现他情绪有些不对。平时很喜欢搭积木的他,玩着玩着就开始扔积木、哇哇乱叫。一开始我还跟他讲道理,后来看到他一直在发火,我突然意识到,他一定是在向我传达一些诉求。

于是我跟他聊天,问他:"妈妈下班前,你在哪里玩呀?"

孩子说:"我和爷爷在小区里玩。"

我继续引导:"小区里一定有很多好玩的吧?"

"恩,那里有一个水龙头,"说完这句话,孩子哇的一声哭了,"小哥哥不让我碰那个水龙头!"

"哦,宝贝,你是想好好看看那个水龙头是吗?"我继续问。

孩子委屈巴巴地点点头。

"那,我们家也有水龙头,你可不可以指给我看看,小区的水龙头和我们家的有什么不一样呀?"孩子眼睛一亮,拉着我来到洗手间,一边研究家里的水龙头,一边和我聊了很多在小区里玩耍的事情。之后我们再玩耍、读书,孩子的情绪就慢慢恢复正常了。

这件事一直给我很深的印象。孩子到了传说中"可怕的两岁"(terrible two),我为了更好地引导他,恶补了很多科学养育和情绪管理等方面的书籍。我知道孩子的哭闹往往不是空穴来风,但那是我第一次真实体验到,孩子有可能把之前遇到的不愉快的情绪带入他后来的生活中。如果我们大人不注意观

察，可能看到的就是一个乱扔积木、乱发脾气、妈妈下班累了也不理解妈妈辛苦的小孩子，而不是一个遇到社交难题需要帮助的孩子。

这样的事情遇见得多了，我也更加确定，每一个陷入愤怒情绪的孩子，都面临着内心与外部世界的尖锐冲突。对这样的孩子，我们该怎么引导呢？大致来说，可以分为以下四个步骤：

1.建立爱与情感的联接

可能有的家长会不理解，孩子发脾气了，还谈什么爱与情感？赶紧制止才对嘛！其实不然，当孩子愤怒的时候，内心会特别需要一种"力量感"，甚至要靠发怒来假装获得"力量感"。这样脆弱的内心，是需要我们的拥抱、陪伴和信任的。心理学家认为，负面情绪只有被"看见"，被接纳，才会像水流一样自然地流逝，如果总是在阻止情绪、否定情绪，反而会刺激和加深这个情绪，引来更多的行为问题。

亲爱的爸爸妈妈们，深呼吸，默念"亲生的、亲生的"，然后先停下我们的呵斥，拥抱或者拉着孩子的手告诉他：爸爸妈妈陪着你，我们知道你现在很生气，我们会和你一起解决问题。

2.识别愤怒，说出原因

大人的平和冷静往往能够对愤怒的孩子有极大的安抚作用。当孩子已经确认我们不会批评他，不会和他对抗，那么他的愤怒之火就不会越烧越旺。他在抓狂之际看到真心想要帮助

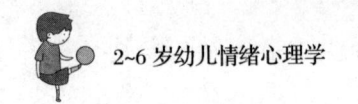

他的父母,即使不会立刻冷静,他的心中也能够感受到理解。这时候,我们可以对孩子说类似的话:

"妈妈看得出来你刚刚很生气。"

"爸爸留意到,你这么生气是因为特别想买这辆玩具车,是吗?"

"妈妈很担心你,宝贝,你看上去气坏了,可以和我聊聊吗?"

就这样简单的几句话,可以让孩子从"识别愤怒"到"思考愤怒的原因",看似普通,实际上意味着情绪心理学中从"动物脑"到"理性脑"的转换。一旦孩子有哪怕一丝的理性和觉察,他的愤怒就能消解很大一部分。

当然需要注意的是,在这个过程中,大人不能带着同样的怒火、用不耐烦或者批评的语气来讲这些话。我们接纳孩子时的诚意,对于疏导孩子的愤怒有重要的作用。

3.宣泄和暂停

有些情绪管理能力比较强或者年龄稍大的孩子,得到父母的理解往往就能够开始和父母讨论问题、解决问题了。但我发现,也有的孩子并不能那么快进入到解决问题的阶段,而是需要将愤怒情绪发泄出来或者做一个暂停。

我认识的一个小男孩,他一旦生气了情绪停留的时间就比较久,有时候会自己一个人默默地画画不理人,有些时候会大喊大叫讲出自己心里的想法,尽管这些想法不一定那么理性客观,但是当他讲出来,喊出来,甚至哭出来,愤怒才会慢慢地

褪去。所以在引导孩子管理愤怒时,我们还要注意孩子的不同个性特点,尽量让孩子宣泄、平复情绪之后再解决问题。

4.理性解决问题

大部分孩子经过前三个步骤,都能够冷静一些,至少可以保证大脑可以理性地思考和交流了。这时候我们就可以和孩子好好聊聊具体问题了。如果孩子是因为大人不给买礼物而愤怒,我们可以这样来引导:

第一,谈想法:"妈妈知道你非常喜欢这辆玩具车,你能和妈妈说说你对它哪个地方感兴趣吗?"

第二,回顾规则:"听你这么一说,妈妈也觉得这辆车很有趣。那么宝贝,你还记得我们关于买玩具的约定是什么吗?"

第三,寻找可替代的办法:"原来这周已经买过玩具了,只能下周买了,那你想怎么办呢?是选择在这里多玩一会,还是告诉老板,先给我们留一下,我们下周再来买呢?"

第四,充满期待的信念:"下周我们就可以来买啦,到时候你会把它放在玩具架的哪个位置呢?你会给它取个什么样的名字呢?你会和你的哪些朋友分享这辆玩具车呢?"

这个例子说的是可以买的情况。如果确实是不适合买的,那么日常约定买玩具规则时可以说清楚,哪些玩具不太适合买。另外,还可以寻找更好的替代办法。例如,我们家孩子非常想买一辆挖掘机,因为体积庞大,我们当时又住在奶奶家,没有空间放置,于是就和孩子商量每隔一段时间,就去公园里开这种玩具挖掘机,这样既满足了孩子的需求,又不占用家里

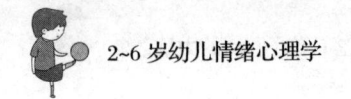

的空间，大人孩子都开心。

说到底，孩子愤怒的情绪能够得以解决，一方面依赖大人对孩子情绪的疏导，另一方面则依赖孩子的需求能够得以妥善的满足。这里的妥善满足，不见得就是全盘按照孩子的意思来，有时基于现实情境中的满足、基于尊重他人的平衡，这样的协商同样会让孩子感到被接纳、被理解。而在这个过程中，孩子的情绪管理能力、情商思维、沟通能力都可以得到锻炼和提升，他们内心和外部世界的界限也会更加的圆融、和谐。

## 走出愤怒的必备技能——非暴力亲子沟通

愤怒是每个孩子都会出现的正常情绪，同时愤怒的杀伤力又是巨大的，因此我们要教给孩子管理愤怒的一些方法。众所周知，有些愤怒的出现并不是因为一个独立的事件，它与日常沟通、孩子基本需求的满足状态、亲子之间的情感联结有很大的关系。有研究者发现，溺爱、屡屡受挫、寻求关注、身心不适以及父母乱发脾气等因素，都会让孩子产生更多的愤怒。父母在生活中和孩子沟通时，如果能用上一点非暴力沟通的方法，可以建构我们和孩子之间顺畅的沟通模式，搭建亲子之间的爱与尊重，有效减少孩子的愤怒，让孩子学会合作。

《非暴力沟通》和《非暴力沟通（亲子篇）》是我经常翻阅的书，对于我和孩子的沟通，缓解愤怒、暴躁等激烈情绪有非常大的帮助。《非暴力沟通（亲子篇）》一书中提到的"七把钥匙"，很值得我们家长朋友借鉴学习。

1. 做目标明确的家长

教养一个孩子需要我们事无巨细、面对各种琐碎的问题。身心健康、礼貌品行、良好习惯、沟通表达、专注学习、社会交往等领域，都需要我们深入了解并帮助孩子提升。事情多而杂，更容易让父母失去条理。在管理愤怒情绪上，我们要思考一下，究竟想培养一个怎么样的孩子？是一个乖乖听话的，从来不会发火，也从来不会情绪失控的孩子吗？理性告诉我们，2~6岁的孩子，大脑前额叶发育不足，这时的孩子过于冷静理性几乎是不太可能的。

儿童作家冰心曾说："游人不解春何在，只拣儿童多处行"。有孩子的地方就是活泼生动，元气满满。我希望自己的孩子拥有丰富的情感，恣意笑谈，酣畅宣泄，又懂得谦让与合作，自在地生活在天地间，才不负生命本身的个性与多彩。那么，我们就要对孩子多种多样的情绪予以接纳，我们对孩子的爱、我们的教养方式要与教养目标充分地融合到一起。而不是一看到孩子的情绪就如临大敌。

2. 看到孩子行为背后的需要

这一点非常难，因为通常状态下孩子那些愤怒、暴躁看上去都是在和我们对着干，在给我们找麻烦。但往往，教育始于孩子让我们为难的那一刻，正如《无条件养育》一书中写道：确切地说，我们最关心的问题不应该是"我如何能让孩子听我的话?"而是"我的孩子需要什么——我如何能满足这些需要?"这就要求我们父母转变思维,从孩子的对立面,转移到孩子身边,透过孩子的情绪和不良行为,触摸到他真实的愿望,再有针对性地进行引导。

记得在网上看到一个案例,说有个男孩子执着地缠着父母买一条和妹妹一样的裙子,父母不同意,他就乱发脾气。他仅仅是出于好奇或者新鲜吗?后来逼得急了,他才说出了心里的想法:"你们只给妹妹买,不给我买!"他哪里是在捣乱或者寻求新鲜感呢?他是在确认自己在爸爸妈妈心目当中拥有和妹妹同等的爱。找到孩子的内心需求,我们就不会轻易否定和评判的孩子的情绪:"你发火还有理了?这有什么好生气的?本来就是你不对!"接纳和倾听,才能让我们拨开孩子愤怒的硝烟,看到他渴望爱、渴望安全感的柔软内心。

3.建立安全感、信任感和归属感

父母给孩子最大的力量是什么?我想是爱与接纳。尤其是在养育孩子早期,给孩子足够的安全感、信任感和归属感,让孩子在家庭中感受到爱与自由,这对他们以后非常重要。在孩子需要帮助的时候,我们真诚地提供我们的帮助;在孩子遇到困难的时候,少一点指责,多一些鼓励;在孩子受挫时,少一些不耐烦,多一些陪伴。有研究证明,感激、快乐、同情、爱会激发协调性和一致性,就像我们的情感反应,即使不用语言表达,也能够影响孩子的情感和他的行为。当我们在家庭中感觉幸福而快乐时,孩子也能够受到这种积极情绪的滋养,让他

## 05 愤怒：孩子行动的力量之泉

们身心呈现出更加健康和有能量的状态。

儿子上幼儿园时特别喜欢上学放学路上拿着一个玩具电话，他会在上学路上假装给老师打电话说他快到幼儿园了。在放学路上也会假装给爸爸、奶奶和妹妹打电话汇报他到了哪个位置，让他们别着急，马上就到家。（看起来入戏挺深，由他玩去吧。）

不幸的是，有一天早上他突然找不到电话了，各种翻找，各种着急，眼看着情绪小怪兽就要爆发。同时，我们上班时间到了。

那一刻看着这个满屋子乱翻，快要炸毛的小孩，我脑子里瞬间就想到假如我也爆炸，我肯定会说："找什么找，也不看看几点了！""这么幼稚的玩具，别玩了！""走不走？再不走今天别上学了！""别找了，回头给你买个更好的！""我最后说一次，走不走，再不走我不管你了！"诸如此类的话。

然后孩子或者是哭闹，死活坚持要找，或者是很不开心地跟我出门，我们两个都会感觉非常不好。

想到这个场景我就发现在学习家庭教育，在不断进行情绪管理训练之后，我自己的觉察力又提高了，而且我有更好的方法：

接纳：找不到电话了啊，你现在肯定很着急。

有限选择：现在到上学时间了，你是想先在家找呢，还是先去上学呢？

提供帮助：你想去上学啊，你能够选择重要的事情去做，

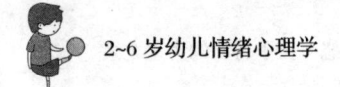

真了不起！那我们让奶奶和妹妹先帮忙找找吧。

"轻推"：好，那我去门口等你喽！

然后我们就顺利出门了。出门后，孩子各种唠叨，怎么找不到了啊，肯定丢了，这可怎么办呢？这时候我阻止了自己的抱怨。

我用了肯定他的感受+启发式引导：哦，真是啊，这样可真麻烦，下次能不能想出一个地方，我们一下就能一下找到电话呢？

孩子：能啊，我现在就能想，我会藏在我们家的小床旁边，那个缝隙里。

我：真是个好主意啊！那妈妈也帮你记好这个位置。

孩子：可我还是想知道它现在在哪里……

我引导幻想实现：它可能藏在某个地方等着你用它打电话呢！

孩子：嗯，妈妈你能中午帮我找找吗？

我：可以啊。

孩子：那你找到了就给我带到幼儿园吧，我下午就能看见了，就能用它打电话了！

我：好的，没问题！

尽管最后我自己揽过来一部分责任，但在接纳范围之内，彼此都是很愉快的。

当然一开始我也不是每次都能这样和孩子沟通，有些时候着急跳脚、气急败坏也是有的，但我发现，决定我和孩子是否

能良好沟通的是我自己的状态，而不是孩子的行为。小孩子的行为大同小异，最大的考验是我们能够有精力、有定力去和孩子耐心沟通。

4.激励和良好的评价，激发孩子内心的动力

对孩子的行为，我们要少进行评判，少一些空洞的表扬，而要多进行具体的描述，才能够让孩子从别人的评价中跳出来，去关注自己的言行。例如，有一次儿子帮我提了一个塑料袋，看到他吃力地用两只小手拽着塑料袋抬到胸前，我特别真诚地对他说，看得出来这一袋东西对你来说很重，但是你依然很努力地坚持帮妈妈提过来，妈妈非常感谢你的帮忙，要不然妈妈真不知道该怎么把这么多东西拿回家了！孩子听到也非常开心，感觉特别有成就感。

还有一次，我和女儿回办公室的时候，办公室已经锁门了。我不得不搬来一个凳子，踩在上面去找备用钥匙。当我找到备用钥匙，拿到东西之后，发现女儿已经帮我把凳子搬回去了。看到她这样贴心，我也用了这种具体的描述来表达我的感谢：妈妈加班到这么晚，楼道里又黑乎乎的，幸亏有你陪伴妈妈，还帮我把凳子送回去，这样我们就能早一点回家啦！楼道这么黑，你不害怕吗？女儿回答说，不害怕，因为妈妈你在这里呀！有人说，教育是激励、鼓舞和唤醒，这需要我们多留心，用心看待孩子的每一个小行动，往往会有一些别样的惊喜呢！除了给予孩子精神上和心理上的鼓励，我们还可以给孩子一些富有仪式感的小礼物。一张表达爱的留言条、一件他喜欢

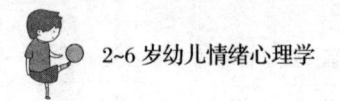

的玩具、一本有意思的书，都可以让孩子感受到自己是一个强有力的接受者，更能唤醒他们的内驱力。

5.使用尊重的语言

使用尊重的语言就是要把孩子当成我们的好朋友，在沟通的时候，像尊重一个大人一样尊重小小的孩子，不要把他们当作一个什么都不懂、可以任由我们评判和指责的弱者。例如，有一次儿子和同伴玩耍时不小心弄丢了同伴的球拍，但他却没有告诉我，我就有些生气。我问他这件事情是怎么发生的，他似乎有些想不起来了，于是我的怒火就更厉害了。我问："你为什么想不起来？你是不是觉得你弄丢了别人的东西这件事无所谓，你觉得不需要承担责任吗？"因为说话比较急，我的语气也有些生硬，儿子显然感受到了，他没有反驳，也没有认错，只是说："妈妈，你不要说这种话。"

"我说哪种话？"我下意识地要和他争吵，却突然发现自己刚刚全是在主观臆断他的行为，并没有耐心听听他的解释。调整之后，我再一次问他当时发生了什么。你还记得球拍放在哪里了吗？现在球拍丢了，我们可以用什么样的方法来弥补他？你愿意什么时候去做这个补偿呢？同样是解决这个问题，后来的沟通就顺畅多了，孩子也更容易意识到自己的错误，并有了基本的解决问题的思维。在这个过程中，我们要学会尽可能诚实地表达我们的观察、感觉和需要，放下一些主观的推断和预测。并不是只有疾言厉色才能体现出教育的严格与权威，温和而坚定对于缺乏经验的小孩子来说无疑是更合

适的。

6.在成长中学习

我们和孩子的沟通也并不是每一次都非常顺畅、立竿见影。即便我和孩子进行过无数次的情绪管理，但有时孩子在不开心的时候，也会拒绝和我进行更深入的沟通；或者是我在问到一些具体的解决方法时，他只会回答不知道。但无论如何，我们都一直在尝试，并且始终在启发孩子情绪管理、解决问题的一些思路。

我自己在和孩子进行情绪管理时有很多成功的经验，也有很多失败的教训，做妈妈重要的是真实，当我们愤怒时如何表达，当我们情绪不安时如何沟通，这些都影响着我们的孩子。在学习情绪管理的路上，甚至在整个育儿路上，我们需要的不是完美，不是苛责自己，而是接纳自己的不足，和孩子在成长中学习。

7.把家称为无错区

无错区的特点是每个人都试图用善意理解他人的行为，每个人都确信所有人的需要都会被考虑和关注到。每个人都学着关注需要，而不是批评或指责。如果每一个人都带着这样的善意，在家庭生活中的冲突就会减少很多，孩子也更容易理解我们，我们也更容易接纳孩子。

记得有一次孩子因为一个小问题总是记不起来，气急败坏的我推了他一把，我很难过地对孩子说：我真是个坏妈妈。孩子说，你不是坏妈妈呀，你生完气我们还会和好的呀！那一刻

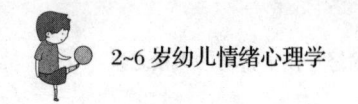

我的挫败、后悔和自责，真的被孩子疗愈了。

难怪13世纪的波斯哲学家兼诗人鲁米将无过错区描述为"超越了对与错的田野"。因为在对与错之外还有丰富的体验，还有无限的可能，还拥有广阔的适合孩子个性化成长的空间。所以，特别希望通过我们的努力，让家庭生活充满爱、尊重与合作，让亲子关系和亲子沟通都更加美好、更加温馨。

## 如何养出心态平和的孩子

日常生活中引导孩子养成平和沉静的心性，对于孩子处理烦躁、愤怒等情绪是非常有帮助的。在这方面，父母的言传身教、家庭成员的相处模式、家庭成员遇到问题时解决问题的方式，以及大家下意识的反应，都对孩子有很大的影响。我们可以从以下六个方面入手，帮助孩子培养平和从容的心态。

1.营造欢乐和谐的家庭氛围

家庭氛围的和谐能够给孩子充足的爱，有爱的孩子就会有安全感、有底气。在遇到困难和挫败时，他们往往能够更快地恢复，解决问题的方法也更为科学。而一个缺爱的孩子在遇到一些难题时，可能会下意识想到，爸爸妈妈无法为自己提供帮助，对能力强的孩子而言，他们会更加坚强而独立，忽视情感需求；对能力弱的孩子而言，他会更加不知所措，愤怒的情绪也会来得更加强烈。

在家庭成员之间，我们要频繁地、直接地表达相互之间的关心和爱，让孩子感受到温馨甜蜜的家庭氛围。此外，还要注意家庭当中信念和价值观的统一。当一个家庭价值观统一，彼此之间相互尊重，全家人都向着美好的生活努力时，孩子是能够感受到这样积极向上的能量的。在家庭氛围和家庭关系的营造中，《爱的五种语言》这本书给我的启发非常大，书中提到爱的五种表达方式分别是：

肯定的语言；

精心的时刻；

有意义的礼物；

自愿的行动；

身体的接触。

除了在伴侣之间，我们和孩子之间也注意爱的表达，更会让彼此感觉幸福。

2.父母不要当着孩子的面吵架

父母争吵时往往裹挟着极强的情绪能量，这样失控的负面能量对孩子的伤害是巨大的。当孩子看到一向爱着自己的爸爸妈妈突然变得面目狰狞、互相伤害、吵闹甚至动手时，他们会产生强烈的不安全感，仿佛支撑这个家庭的两个最重要的人出现了分裂，温馨的家庭也仿佛摇摇欲坠。这个家庭对他们来说就充满了不安，会导致孩子胆小恐慌，也会积累一些负面的情绪。更糟糕的是，父母过多的争吵会让孩子也学会争吵。这样的情况在二胎家庭当中也非常明显。如果父母之间互相争吵或者父母总是批评家庭当中的老大,那么这个老大很快就学会去和自己的弟弟或妹妹争吵,这是一种非常不好的示范。

3.父母要避免在家庭当中使用暴力

不管是父母之间也好,父母和孩子之间也好,都要避免。著名的"踢猫效应"就是这样发生的连锁反应。

故事是这样的:一位父亲在公司受到了老板的批评,回到家就把沙发上跳来跳去的孩子臭骂了一顿。孩子心里窝火,狠狠去踹身边打滚的猫。猫逃到街上,正好一辆卡车开过来,司机赶紧避让,却把路边的孩子撞伤了。

心理学上著名的"踢猫效应",描绘的是一种典型的坏情绪的传染所导致的恶性循环。这正是一种负面能量的传递,也是一种错误的情绪处理方法。

有人说,父母无法教给孩子自己都没有的东西,缺爱的父母,想要爱孩子,就要不断疗愈自己,爱自己,才能达到爱满则溢的状态。就情绪管理来说也是如此。父母拥有了较好的情绪管理能力,才能给孩子示范正确的情绪管理方法。如果父母本身就习惯诉诸暴力、争吵、无所顾忌地发泄怒火,却要求自己的孩子理性、克制、冷静而温和,这几乎是不可能的。

4.要远离暴力型的影视作品或者书籍

2~6岁的孩子很喜欢模仿,看到类似的情景或者是图画,就很容易下意识地进行模仿。在孩子价值观形成期,我们需要帮助孩子系好人生的第一粒扣子,引导孩子学会与人友好相处,可以读一读解决问题的书籍,如"和朋友们一起想办法"

系列,"托马斯情绪管理"系列,《杰瑞的冷静太空》《菲菲生气了》等绘本,都可以让孩子认知、表达和管理情绪,培养孩子良好的情商。

### 5.引导爸爸参与家庭教育

要充分发挥爸爸在引导孩子表达愤怒时直接果断的价值,大部分的爸爸对情绪的感知没有那么敏锐,但是他们的钝感力以及处理问题的果决,给了孩子情绪管理的另一个思路。像我们家,我在情绪处理时偏细腻一些,会和孩子聊聊具体的情绪是什么,我们可以怎么表达,而爸爸呢,则直接带着孩子投入到玩耍和打闹中,不一会儿孩子就冷静下来了,同样也能在情绪管理的同时解决好问题。除了进行情绪的感知之外,我们也可以适当培养孩子的钝感力,在充分了解孩子心理的基础上,大胆让孩子的情绪在丰富多彩的体验和实践活动当中自然而然地流逝,让愤怒随着和爸爸的追逐、打闹、运动等得到另一种纾解。

### 6.不要过度保护

要在多元的情境当中让孩子练习疏导愤怒的方法,也就是说我们要放手给孩子成长的空间。有些时候父母可能为了不引发孩子的愤怒,就不敢说出真实的需求,或者不敢拒绝孩子的要求。这样一来,原则不统一就给了孩子一种错误的认知,久而久之,也会为孩子的愤怒埋下定时炸弹。例如,孩子特别想要一样东西,但是家庭并不适合立刻购买,那么我们也可以再和孩子进行耐心解释的基础上,让孩子理解这样的一个事实。

在这个过程当中，孩子也可能会出现情绪的波动。但我们要知道的是，出现情绪波动是正常的。孩子是人，在我们和孩子划定界限时，很可能会出现情绪波动。我们要接纳这些情绪，并和孩子们一起去接纳生活当中的原则，只有这样，孩子才能慢慢地培养起情绪的管理以及对规则的理解能力，让孩子慢慢学会更好地协调自己的需求和外部的客观条件，这样才能更好地融入生活。

知乎上曾有个热门话题，是说孩子对摇摇车有无穷的兴趣，不让玩就哭闹怎么办，我们家也遭遇过这种情况。

如果孩子非要玩，而我要赶时间，在紧急情况下，我会和孩子来一个美好的约定。"宝贝，妈妈知道你很想玩，可是妈妈和别人约好了时间，我们到本周的户外活动时间一起来玩，好吗？"当然到时候也要说到做到。

假如孩子不开心，哭闹，我会和他共情，做情感的联结。"这次不能玩真的很遗憾，你愿意让妈妈抱着你一边唱歌一边摇一摇吗？妈妈是一辆会跑的摇摇车哦！"

正常情况下，如果宝宝平时兴趣广泛，并且与爸爸妈妈的沟通很顺畅，到这里会比较顺利。我可能还会用一些其他的建议启发宝宝：

妈妈今天买了你最喜欢的故事书，都是你没听过的呢，想不想回家听一听？

妈妈好久没和你一起去海边挖沙子啦，我们拿着小铲子一起去玩吧？

爸爸今天新编了一个好玩的游戏哦，可以轱辘轱辘滚起来哦，我们好想和你一起玩！

宝宝，下一站我们要去购物哦，你可以帮我们选几条毛巾吗？妈妈很喜欢你挑选的东西呢！

生活的乐趣在于体验。摇摇车可以带给孩子美好的体验，但孩子的丰富体验并不仅限于此，假如他有机会去参与、做选择、做尝试，甚至创造什么，他们会更有兴趣。

为了防止这类突发情况，我们还可以找个愉快的时间，就玩摇摇车的这个事情和宝宝达成一个约定，如一周玩几次。玩完之后，和宝宝商量一下可以去做点什么替换，防止宝宝玩完之后没事情可做还想继续玩。

总之，培养心态平和的孩子，离不开家长的耐心示范，离不开家长的科学方法。同时，我们也要知道，平和的心态不是回避问题，也不是无原则的退让。心态平和的基础是我们教会孩子有底气地解决问题，维护好自己的权益。即使遭到不公平的对待，或者是权益受到侵犯，我们依然有很多方法保证我们能够拥有美好的一切。

## 特殊情况下的引导，更需要父母的智慧

在家庭教育分享时，曾有家长咨询一些特殊情况下的引导思路。下面这五种情况也是需要我们格外注意的。

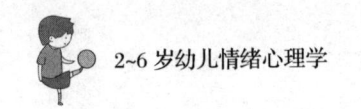

1.父母暴怒的一刻,先管教孩子还是先调整自己

这是我在做家庭教育分享时一个爸爸的咨询。他说他来听我讲家庭教育之前,刚刚和孩子发了一通火,气呼呼地来到了这里,听到一半时才慢慢冷静下来。他想知道,在这愤怒的一刻,我们应该做点什么。我想对所有的爸爸妈妈说,在你感觉情绪就要失控的那一刻,一定是先照顾好自己。我们可以先深呼吸,深呼吸可以让我们的心脏压力暂时得到一定的缓解,有助于我们更好地调整内心的怒火。在深呼吸几次之后,我们可以在心里默念十个数字,帮助自己做好情绪的平复。每个人都有被暴怒席卷的那一刻,就好像突然间暴风骤雨,带着一股摧毁的力量。如果我们任由这份怒火在我们和孩子之间肆虐,最后的结果可能是伤害了孩子,也让我们自己后悔莫及。

一开始的时候我也做不好这份暂停,总是想着我要和孩子解决问题,解决不完我就是失败的。当我执着地想阻止孩子的不良行为时,我是不冷静的,情绪起伏也很大,严重的时候总想推孩子一把,或者拍他一下。后来在不断学习的过程中,我发现自己处于这样的状态时是不适合对孩子进行教育和引导的。我就和老公约定,当我们觉得对孩子特别生气时,一定要让自己停下来。对着别人吐槽也好,吃点东西,看会书,出门溜达一圈,总之不要在自己最糟糕的状态下进行所谓的"教育"。

正常状态下,小孩子都是在不断的试错中成长的,他还

小，未来他还有很多年的成长路程。在这么多年的过程当中，他有无数的机会可以成长自己，有无数觉醒的时刻可以扭转这一次的错误。所以我们无须苛责。在某些时刻，怎么教，比教什么，更重要。一个情绪失控的父母，没办法帮孩子解决问题，但我们可以在这一刻给孩子示范情绪管理的方法。

2.引导孩子表达愤怒，但孩子屡教不听，只有怒吼才管用该怎么办

这个问题也是我经常听家长们吐槽的痛点，连我自己和学生之间也会出现这种情况。很多孩子似乎依赖了怒吼，只有家长发火，孩子才意识到这是个大问题，要好好听。这其实就是一种超限效应。

它的来源是这样的：马克·吐温听牧师演讲时，最初感觉牧师讲得好，打算捐款；10分钟后，牧师还没讲完，他不耐烦了，决定只捐些零钱；又过了10分钟，牧师还没有讲完，他决定不捐了。在牧师终于结束演讲开始募捐时，过于气愤的马克·吐温不仅分文未捐，还从盘子里拿了2元钱。而这种由于刺激过多或作用时间过久，而引起逆反心理的现象，就是"超限效应"。

如果我们对孩子的教育过多、强度过大，总是以我们为中心，没有顾及孩子的想法，更没有注意方式方法以及"度"的把握，就会引起孩子逆反，他们不但不听，还会跟我们对着干。唯一能够改变现状的还是父母。如果孩子年龄太小，我们要及时改善自己的提醒方式，可以采用一些无言的提醒，拍

拍肩膀，或者只提示一个词语，这样就会阻挡很多的指责和唠叨。

4~6岁的孩子，可以和他开诚布公地谈一谈，爸爸妈妈也不想这样批评你，有什么办法能够让你在规定的时间内做好一些事情呢？

有一次我就问孩子一个问题：你想让我怎么提醒你关电视机呢？孩子说希望我拍拍他的手，然后指指电视机。我就照做了，他也很配合。当然如果孩子不配合，说明他对家庭规则没太多概念，我们需要强化全家人的约定，大家共同尊重，共同遵守。孩子屡教不听，一定是存在抵触的心理。我们要弄清楚，为什么不想听，是单纯的不喜欢，还是他觉得这个事情根本就不重要。如果孩子知道这个事情很重要，他又不想去做，那是不是因为他的自我管理能力需要提升？这些困难有没有什么是我们可以帮助孩子的呢？以这样解决问题的思维来启发，去探究孩子不配合背后需要提升的能力，需要解决的问题，那么依赖怒吼这个习惯才能真正得到解决。

有一次朋友说孩子喜欢一边看电视一边在沙发上跳，朋友很受不了。通常我会和孩子进行提前约定：

怎么看电视？在哪里看？

看的时候距离电视机多远？能不能跳着看？躺着看？

看多久要关电视机？谁负责关？关上电视机我们还可以去做点什么好玩的？

有时候我还会加上一条：

假如到时间了还不想关电视机,我们可以去玩些什么游戏来代替?目的是让孩子想出自己最喜欢的游戏,来代替电视。

生活中一定要找时间专门去这样做一个惯例表,大一点的孩子可以直接写出来贴在家里的某个地方,小一点的孩子我们可以用照片拍出来,让他比较直观地知道这个规则是要怎么做的。

3.家长一让步,孩子就不再发火了,该怎么改变这种状态

我们发现,在这种情况下,家庭当中我们会变得越来越没有原则。一旦孩子要发火,我们就想别让孩子生气了,这么一点事,让一步就让一步吧。这固然是一种爱孩子的方式,但是在生活当中,孩子需要接触各种各样的人,体验各种各样的情景,他还要学会在集体中进行生活。所以仅仅考虑满足他自己的需求,让家里人让步是远远不够的。我们还要引导孩子理解和尊重一定的社会规则。

如果孩子已经习惯了让他人让步,如果他人不让步,孩子就会大发脾气。这种情况下,首先我们要和孩子先确定规则是什么,总是让别人让步合不合适。可以通过有仪式感的约定,让孩子重视集体的规则。同时也告诉孩子,规则和约定不是为了约束某一个人,不是为了限制他的行为,而是让他和家里人在一起更加愉快。这样孩子对规则的理解就会更加客观。然后,我们在订立这个约定时,一定要给孩子愉快的体验,让孩子体验到理解和尊重他人能带来正向的反馈。从简单的礼貌用语开始,学会说请、谢谢、对不起,这些词语相对来说比较简

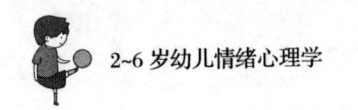

单,孩子也更容易做到,当看到别人的反应,孩子也会拥有相应的成就感。

我们还可以引导孩子学会照顾老人,观察了解长辈的需求,用自己的行动为长辈减轻负担等,让孩子体会到良好关系中的幸福感。

4.家里人脾气暴躁,如何消除对孩子的影响

这要从两方面入手,一方面是要和家里人慎重沟通这个问题。脾气暴躁,可能是他多年来的一个习惯,也可能与他的童年经历有关。但无论如何,我们既然和孩子生活在一起,就有责任调整自己的情绪,避免自己的怒火给孩子的身心带来伤害。

另一方面,我们可以从孩子的角度入手,帮助孩子去识别家里人的情绪是什么。他为什么会有这样的情绪?你觉得他这样表达自己的情绪是不是最好的方式?如果是你,你会怎么来表达自己的愤怒呢?我们需要把家里人的暴躁脾气与孩子之间划清界限,让孩子知道,家里人发脾气并不是孩子的过错。可能是他自己心里很生气,没有解决好问题。我们还可以通过关心他,帮助他,让他的脾气变得更加稳定一些。此外,我们还可以和孩子读一读和愤怒有关的绘本,如《一生气就大吼大叫的妈妈》,还有《野兽国》,让孩子感受到父母发脾气其实并不那么可怕,他们也是爱自己的。

5.不发火的孩子,如何表达自己的界限

孩子不发火只是表象,我们要通过对孩子的观察和了解,去探究不发火的孩子内心状态是怎样的。对有些孩子来说,他

不习惯发火，或者他觉得发火这件事情不太好，他们可能会选择其他的替代方式，如拒绝和引起他发火的人玩。也有些孩子的不发火，不是压抑自己的情绪和需求，可能是他真的不在乎生活当中的一些小事。对于这种情况，我们要给孩子清晰的界限，让他学会保护自己的权益，不被他人欺负。同时要引导孩子多参加集体活动，多运动，身心健康的孩子才能做到身心强大，才能更有底气、更好地保护自己。我们需要观察的是，不发火的孩子，在生活当中有没有其他的困扰，如胆小或者是不善于解决问题，再针对性地帮助他们来解决。

# 06 恐惧：

## 无法掌控带来的安全感缺失

很多大人常常忘了自己曾经也是孩子，也会害怕，害怕那些看似无所谓的事，害怕那些不值一提的东西。站在孩子的角度看，那实实在在的恐惧如影随形，你纵有多少理由，都打不破他们认知的壁垒和心里的牢笼。

最简单的，也许是不必劝说，在孩子不敢一个人时，一句"我在"足以驱散恐慌；当孩子在高高的滑梯上不敢下来时，一个拥抱足以让他安心；在孩子遭遇分离焦虑、害怕去陌生的环境时，反复体验充足的安全感，让他内心感到踏实，恐惧也会慢慢消退。恐惧不可怕，因为勇敢的种子一定在健康的爱里生根发芽。

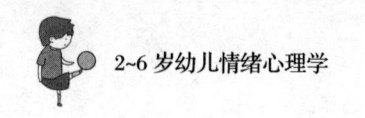

## 孩子的恐惧，需要我们的"看见"

在情绪心理学中，恐惧是指个体感知到具体危险而产生的反应。这些危险可能针对自己，也可能针对我们身边的人。一旦这些威胁或危险消失，恐惧也会随之消失。我们经常看到有的小孩子因为怕黑而不敢睡觉，总是想要开着灯；或者是害怕去某一个地方，在陌生的环境当中总是特别黏爸爸妈妈；还有孩子来到游乐场，不去尝试那些琳琅满目的玩具和设施，总是紧紧地靠在爸爸妈妈身边，甚至要求爸爸妈妈抱着。从他们的眼神当中，我们能够清晰地看到他们的不知所措、惶恐退缩，这些都源于孩子的恐惧。

恐惧是人类与生俱来的一种情感，可以说，是一种人类共通的情绪，在一定程度上可以帮助我们规避危险。产生恐惧的原因有很多。

第一，在某些情况下，恐惧是我们的本能反应，在小孩子身上表现得尤其明显。害怕打雷，害怕闪电，恐高等，都是人类普遍的恐惧反应。

第二，是因为外部的事物存在孩子们未知的情况或者有潜在的伤害性。小孩子对床底下的黑暗不了解，就会幻想床底下有不知名的能伤害人的动物甚至是怪物。

第三，是某些社会性的威胁，也会让孩子感受到恐惧。与陌生的人说话、打招呼或者突然走到很多人面前进行表演。还

06 恐惧：无法掌控带来的安全感缺失

有的孩子曾经被别人嘲笑过、取笑过，那么在这些人面前，他们会更加感受到恐惧。

第四，是大人对孩子有不理解、不支持的心理，而孩子自身又没有自我保护的能力，他们会更加容易出现恐惧心理。像有的孩子在滑滑梯的时候就会感到害怕，不敢往下滑。如果爸爸妈妈在旁边扶着他，哪怕仅仅是拉着他的衣角，甚至是假装用手扶着，让孩子感觉到有大人在身边保护着他，他们就会非常自如地从高高的滑梯上滑下。总之，2~6岁的孩子产生恐惧的原因是多方面的，既有来自事物本身的，也有来自孩子内心的。

我们所要做的就是引导孩子对周围的事物产生清晰的认识。可以带孩子去看看窗帘，后面是洁白的墙壁，并没有可怕的蜘蛛；带他们去看看角落，并没有吓人的小怪兽，只是洁净的墙角；床底下也并没有藏着一条蛇，而是不知什么时候掉到底下的小玩具。看见未知事物里面的真实情况，会帮助孩子降低对他们周围事物的恐惧。同时我们也要给孩子更多的内在力量，这种内在力量既源于他对事物的正确认知、理性判断，又源于爸爸妈妈给孩子的爱、肯定、信任与支持。尤其是当孩子们知道自己的爸爸妈妈一直都在身边，任何情况下，他们都可以寻求爸爸妈妈的帮助，那么他们的恐惧情绪就会降低很多。有一次我陪着孩子外出上课的时候，孩子就特别积极参与到活动中。我问他为什么这次这么勇敢，他说"因为妈妈在我身边，我就感觉没有那么害怕了"。

恐惧的作用是多样的。通常作为父母，我们会看到恐惧在孩子身上所产生的各种各样的负面作用。首先，孩子因为恐惧而不敢尝试，失去了很多快乐玩耍的机会。就像那个来到海边却又不敢跑到沙滩上的孩子，就像那个来到了游乐场却又不敢走上滑梯的孩子，还有很多很多这样的情况，恐惧绊住了孩子的手脚，让孩子无法自如地展现自己。因为他们的内心被恐惧束缚着，快乐就无法飞翔起来。其次，恐惧还有可能成为一种顽固的心理障碍，让孩子对自己产生极度的不信任感。有些时候恐惧会成为孩子内心的一个心结，他会在心里告诉自己：我害怕这件事情，我是个胆小的孩子。越有这样的心理障碍，他们就越不敢尝试。而这种对自我的认知也会迁移到其他的领域当中，阻挡孩子取得更好的成长。最后，恐惧长期累积，也会形成一种心理的压力，让孩子逐渐丧失内在力量，变得担忧恐慌，心神不安。这样状态下的孩子没有办法快乐地投入到活动当中，影响他们生活和成长的方方面面。

但我们作为家长也需要看到恐惧本身也有巨大的价值。

第一，恐惧帮助孩子识别潜在的危险，懂得恐惧的孩子更加善于判断和思考。通过一件事情的表象就能思考出这个事情的潜在结果，尽管这种结果可能是负面的。

第二，恐惧给孩子划清了安全的范围。害怕黑暗的孩子，知道自己只要在光亮下，就是安全的；害怕社交的孩子，知道自己只要跟在爸爸妈妈身边，就是安全的。他们对于自己安全而自在的环境，有特别真切的体验。

第三，恐惧在一定程度上能够激发孩子的潜能，几乎所有的勇敢都不是与生俱来的，打破恐惧的勇敢才是真实而有力量的。

所以孩子的任何一次恐惧都有可能成为滋养勇气的基础。我们可以借助孩子的恐惧，培养孩子的安全意识和对问题的理性观察和思考。

## 了解孩子的恐惧，才能给孩子勇气

科学家认为，人类的情绪尤其是高级复杂的情绪，大多是在社会文化背景下衍生出来的。然而恐惧却不一样，灵长类动物、哺乳类、啮齿类动物甚至无脊椎动物，面对恐惧时的表达和行为方式上都有着高度的一致性，这证明恐惧是动物的本能，是与生俱来的上古情绪之一。而且在远古时代，人类天生对比自身强大的事物和神秘不解的现象，怀有一种敬畏之情，而这种敬畏之情的深层根源，就是恐惧。因此在2到6岁这个阶段，儿童的恐惧是源于与生俱来的情绪，比如怕黑、怕陌生人、怕陌生的环境、怕巨大的物体等。心理学家曾梳理了不同阶段引发儿童恐惧的具体对象：

2岁孩子的恐惧对象：噪声、动物、黑暗的房间、与父母发生分离、大型物体或者机器、个人环境的改变。

3岁孩子的恐惧对象：面具、黑暗、动物、与父母分离。

4岁孩子的恐惧对象：与父母分离、动物、黑暗、噪声。

5岁孩子的恐惧对象：潜在的坏人、黑暗、与父母分离、身体伤害。

6岁孩子的恐惧对象：超自然的东西（如鬼怪或巫婆）、怪兽、身体的伤害、打雷或闪电、独自睡觉、独自活动、与父母分离。

在儿童的每个成长阶段，随着他们的认知能力的提升和生活经验的积累，他们的恐惧对象也会逐渐发生变化。通常情况下，随着孩子对具体事物的了解越来越深入，对事物的恐惧会慢慢降低。例如，怕黑的孩子逐渐发现黑暗当中所有的物体都还是原来的样子，并没有变成怪兽，他们对黑暗的恐惧也会随之消失。但在亲子关系当中产生的恐惧对孩子来讲是比较难以消失的，如父母发火呵斥孩子时，孩子就会害怕与父母分离。当和父母玩耍时，这种恐惧感消失，但如果下一次父母再发火，或者与孩子因为某些问题产生争执，那么孩子的这种恐惧也会反复出现。

通常来说，在2~6岁这个阶段，孩子的恐惧具有以下四个特点。

1.与孩子自身的经历和体验有着密切的关系

大部分孩子非常喜欢玩沙子，喜欢小脚丫埋在沙子里软软的细腻的感觉。但如果有孩子在第一次沙滩玩耍时，脚被小石子硌到，感到疼痛和不舒服。那么下一次他对于裸露的沙滩就有可能产生畏惧心理，并不喜欢在这里玩耍，这是由孩子的个体感觉决定的。还有的孩子可能没有办法明确说出这种不舒服在哪里，但是他就是不喜欢踩在沙子上这种感觉，并对此感到恐慌。这些体验都是真实的，他们的感受都源于他们真实的体验。

2.孩子的恐惧是可以学习的

最典型的现象就是孩子去医院做检查或者看病的时候，在验血的窗口，如果看到别的小朋友在验血时哇哇大哭，情绪失控，那么他的恐惧也会随之提高，甚至还没有轮到自己就已经大哭起来。而换一种情境，假如孩子在检查时，前面的小孩子是冷静而勇敢的，在整个验血过程当中并没有表现得特别惊恐，而是相对镇定。那么这个孩子身上这份勇敢就能够安抚到我们的孩子，给他一定的勇气。所以说，恐惧和勇敢也是可以互相学习，互相感染的。

3.孩子的恐惧心理还有不易改变的特点

孩子一旦因为自己的体验对某种东西产生恐惧，他们就会比较顽固地对这个东西产生排斥抵触心理。想要改变这种恐惧，需要长时间的情绪疏导和不断的练习，重建新体验来达到结果。

我儿子两岁多的时候，特别不喜欢别人给他洗头。这是因为有一次他在洗头的时候，我们不小心把水弄进了他的眼睛里，然后水又流进他的鼻子里，呼吸的时候还呛了一下，让他感觉特别不舒服，他哇哇大哭起来。这份体验太强烈，让他对洗头这件事充满了恐惧。持续了几个月的时间，我们也一直没有找到很好的解决办法。

但是有一次在外出游泳的时候,我们遇到了一位特别贴心、会照顾宝宝的阿姨,她在给我儿子洗澡的时候,找了一个非常可爱的小娃娃,塞到了儿子的手里,对儿子说:"宝宝接下来阿姨要给你洗头发,你也可以给你的小娃娃洗洗头发呀。"

儿子一听感觉特别新奇。然后那个阿姨往儿子的手里捏了一点泡泡液,告诉儿子:"你可以把泡泡涂抹在小娃娃的头上,注意不要弄到他的脸上,这样他洗头发才会很舒服。"儿子就这样做了。

然后阿姨又问他,那我也可以在你的头上给你擦上泡泡吗?我也会注意,绝对不会弄到你的脸上。儿子有点迟疑,但因为给小娃娃洗澡实在太吸引他了,他就点点头。他就这样一边搓着泡泡,一边在阿姨的帮助下洗完了头发。

整个过程当中,因为阿姨特别小心,儿子的脸上和鼻子上完全没有弄上水。这个阿姨就用这样的方式完全改变了儿子对洗头发的不好体验,重建了一种特别有趣而温馨的洗发体验。后来儿子对于洗头发就没有那么抵触了,这件事情也让我学习到很多。后来再遇到不喜欢或者恐惧的事情时,我也会试着采用一些游戏的方式,让孩子在他有所畏惧的地方,感受到一些快乐和趣味。

### 4.恐惧情绪需要足够的时间和空间

恐惧情绪和愤怒不同,在问题得到解决之后,往往愤怒的感觉就随之消失。但恐惧不同,孩子被吓到之后,往往很长时间才能恢复。如果我们坚持要求孩子克服恐惧去做事情,孩

子的恐惧情绪得不到缓解，就更加不利于孩子重建勇气。尤其是在游乐场，我们经常看到这样的场景，明明花了钱要去坐碰碰车，排了好长时间的队，可是真的要去坐碰碰车了，孩子却有些害怕，不敢上去了。这时候我们应该接纳孩子的恐惧，还是让他大胆上去呢？这就需要我们家长根据孩子当时的情况判断。有些孩子可以在父母的陪伴下玩耍，有些孩子可能在同伴的陪伴下会鼓起勇气，但也有的孩子无论如何都接受不了，甚至出现情绪崩溃大哭等情况。我们要根据不同的情况进行不同的引导。

总之，恐惧心理并不是大胆去做就能够消除的，需要我们多一些耐心，多在孩子的心里种下勇敢的种子。多给他一些内心的能量，让他感受到大人的爱与支持，他们才能够更加独立坚强，勇敢去尝试。

## 让孩子远离恐惧，这些小锦囊收藏起来

尽管有些恐惧是孩子的本性，但大部分情况下，我们可以通过家庭生活中的小方法鼓励孩子大胆尝试，预防恐惧。

1.多带孩子体验生活，尤其是和孩子一起尝试有挑战的事情

不管是清凉的早晨还是明媚的午后，亦或是暗淡的黄昏，我们都可以和孩子一起玩游戏。记得小时候我也很怕黑，但是

有一次我和姐姐去野外的山上玩得特别开心，不知不觉就忘了时间。直到夕阳西下，我们两个人沿着田野的小路往家走，小村庄模模糊糊隐在暮色中，周围还有很多大树的影子张牙舞爪地伫立。尽管有一丝小小的害怕，但是拉着姐姐的温暖的手，兜里还有满满的酸枣，回想起来都觉得无比开心。长大一点，爷爷总会在晚饭后给我们讲《三国演义》和《聊斋志异》中的故事。所以每次夜幕降临，我想到的是这些温馨甜美的时刻，对黑暗和夜晚也没有了恐惧。有了孩子以后，我们也经常利用晚上这个时间一起读故事、玩游戏，孩子们更喜欢关上所有的灯玩捉迷藏，一个不小心就被我们抱个满怀，又刺激又好玩。在这些体验中，对黑暗的恐惧也一扫而光。

2.始终给孩子内在的支持

告诉孩子爸爸妈妈一直在这里，只要有需要，我们就可以帮助你，给孩子无条件的爱与支持，能够让孩子的内心更安定、有安全感。有爱的孩子，有底气的孩子，才更有勇气应对未知的挑战。有时孩子出去倒垃圾，或者去楼下玩耍，总是会问我"妈妈，你会在这里吗？""妈妈，你会一直在这里等我吗？"我说我会，然后他就会很独立地出门去。这份"我在这里"，给了孩子实实在在的安全感，让孩子内心有了勇气，同时也防止了意外的发生。

3.不恐吓，不吓唬孩子

美国著名积极心理学家丹尼尔·西格尔在《去情绪化管

教》一书中曾指出，孩子"在人际关系中重复体验着愤怒和恐惧情绪的情况下，管压力的激素皮质醇就会被释放出来，继而对大脑发育造成长期的负面影响。"的确，经常被吼的孩子，在身心健康、自我价值感、智商情商等诸多方面比家庭中能理性沟通的孩子，有更多的困扰，承受着更多内在的焦灼和压力。

记得之前看过网上一个信息，说孩子总是不睡觉，爸爸妈妈就会恐吓他，说再不睡觉就会被怪物抓走，再不睡觉就有妖怪出现。这样的恐吓方式可能在一定程度上帮助孩子迅速安静下来，但是久而久之，也会给孩子造成一定的心理阴影，让孩子在睡前充满了一些恐惧的想象，还会造成孩子安全感有缺失，焦虑怪兽什么时候会来找他。孩子长大一点还会对父母产生不信任感，影响孩子的健康成长。通常，我会从以下四个方面来引导：

（1）淡化孩子夜醒和不敢入睡的行为

我们的关注点在哪里，哪里就会被无限放大。当我们认为这件事情不得了，孩子就会对这件事情印象深刻，并不自觉地去强调，下意识地去做。这是一种心理学效应。我们要做的就是淡化，告诉孩子：偶尔醒了一次没关系，我们可以安静下来，和星星和月亮一起去美梦里遨游。

（2）借助美梦主题的绘本，让宝宝体会睡眠是多么宁静而美好

深见春夫"睡得香"系列、《晚安月亮》《玛格丽特晚安

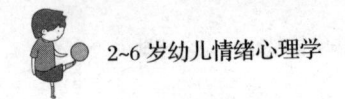

诗》《不睡觉的世界冠军》《第一次自己睡觉》等。通过这些绘本，我们也可以看出，睡眠是很多孩子都面临的问题，所以我们大可不必焦虑，慢慢和孩子静下心来，自然而然地进入睡眠状态即可。

（3）营造良好的睡眠条件

包含安静的氛围、暗一些的灯光、平静的心情、没有玩具和其他声响的打扰、睡前不要吃太多、不要喝太多水、白天运动量要足够等。当这些条件都具备了，瞌睡虫自然会爬到我们孩子身上。

（4）睡眠的仪式感

和小玩偶一起睡，和爸爸妈妈约定第二天充满期待的事情等。

睡眠是每个人一天当中非常重要的休息时光。这是孩子积蓄身心能量的好时机，我们都希望孩子们都能够享受美梦的喜悦，在星月之光里感受爱与温暖，而不是让恐吓与指责伴随着孩子入睡。

4.要在生活当中多带孩子了解未知的事物

恐惧往往伴随着一些主观的想象，那么科普是最好的破解方式。例如，有的孩子害怕黑暗，以为黑暗真的就是天空中的怪物施了魔法，那么我们可以带着孩子去了解白天、黑夜是如何产生的，让孩子知道日升月落，斗转星移的秘密。也有的孩子害怕打雷，那么我们可以和孩子一起查阅资料、看绘本，了解雷电是怎么产生的，在雷电发生时，天空中正在发生着怎样的气象变化。孩子的知识增多了，他对于周围的事物了解就会

更加深入,让未知变成已知,恐惧也就随之消退。

5.适度放手,不过度保护孩子,给孩子足够的安全感

安全感是我们家长必须要做到的,但这并不意味着我们时时处处都要百分百地把孩子保护在我们的羽翼之下。在正常情况下,我们要鼓励孩子大胆去尝试,相信孩子的能力。把握不好这个分寸的家长,可以通过"分层式放手"来解决。以前我女儿在面对很多人的时候,说话总是不太利索。我通常会给她做这样几个准备。第一步,把她要说的话,尽量整理得简洁一些,使用短句子,避开拗口的词语,条理性也清晰一点,如祝福语只说几个最关键的词语,并且在家里可以练习几遍,确保一下就能说出来。第二步,在说的时候,我可以先给她小小的提示,如果提示了之后依然说不出来,我可以和孩子一起来说。曾经我们在家庭聚餐的时候,孩子说不出来我就会陪孩子一起说,慢慢地只要我提示开头,孩子就可以说后面的祝福语。后来孩子就能够自己站起来,完整地把祝福语说完。这是一个比较缓慢的过程,需要练习,也需要孩子在温馨的家庭氛围中产生表达的期待。只要我们能够逐渐尝试放手,鼓励他做出一点点尝试,慢慢地孩子就能够去尝试更多。

6.不给孩子贴标签

看到孩子恐惧的时候,我们要认可孩子的感受。你现在有点害怕,或者你现在还没有准备好。但是不应该给孩子贴上"胆小、内向"等标签。一旦贴上标签,孩子就总会下意识想到自己就是这样的人,就更加不敢去尝试了。如果我们告诉孩

子,你现在可能还没有准备好,妈妈可以陪着你再准备一下。这种准备可以是心理上的准备,也可以是尝试前的一些物理上的准备。可以在公开发言之前,清清嗓子,在脑海中想想自己要说什么,也可以先小声地说一遍,再大声地说出来。这些都是很好的准备。孩子在这些准备过程当中,能够感受到自己是可以完成这件事情的,那么他就会积攒小小的信心来做出更大的迈步。

此外,我们还要有意识地培养孩子的心理承受能力,遇到恐惧的事情时,学会接纳自己的恐惧。每个人都有害怕的时候,爸爸妈妈也有害怕的事情。恐惧是人们最正常不过的情绪。并不是因为你恐惧,你害怕,你就是个怯弱的没出息的孩子。再强大的勇士,也有内心害怕的时候,当孩子看到大人也会害怕,厉害的人也会害怕,他就会敢于直面自己内心的恐惧。当然除了鼓励孩子,我们还要在生活中确保孩子的人身安全,一定要让孩子的内心和他的身体感觉到他是安全的,他才能够放心地去做事情。千万不要因为大人的疏忽给孩子带来一些不安全的因素。这种情况会容易给孩子的内心带来很深的阴影,让他们的恐惧变为一种实实在在的结果。他们会把恐惧和一些生活现实结合在一起,"你看上一次我就是做这个事情而受伤的",这种恐惧就非常难以消除。

总之,消除恐惧,最基本的是要保证孩子的人身安全,同时我们通过以上的方法,让孩子提升能力,积攒勇气。

## 恐惧到来时,请多给我一点时间

孩子的胆小恐惧也受到先天性格的影响,安静、谨慎的孩子,相对来说会更容易感知到潜在的危险。他们对于事情的考量会更加细致。有了这么多的考量,他们在做事情的时候就有可能会预料到一些不安全的因素。看在大人眼中就好像这些孩子非常胆小怯弱。对于这种先天比较谨慎的孩子,我们首先要做的是接纳他们先天的性格,同时在他们对事物理解的基础上进行恰当的引导,让他们看到有些担忧是合理的,也有一些担忧不太容易出现,同时要多多包容他们,肯定他们,给他们信心。

有些恐惧是因为后天因素而产生,如家长过度保护孩子,让孩子过度依赖。恐惧可能让孩子在生活当中表现为以下三种情况:①不敢提出任何要求和疑问,遇到问题就退缩,忽视自己的需求;②不敢尝试新鲜事物,很多事情不敢去做,这就导致失去很多成长的机会;③不敢在公共场合表现自己,太在意别人对自己的看法,总是特别容易顺从他人,没有自己主观意见。

恐惧和害怕的心理是非常敏感和脆弱的,并不是我们多批评孩子,多否定他们的恐惧,孩子们就能立刻勇敢起来。根源是我们需要让孩子认识到他周围的世界是安全的、友好的。同时他自己是有足够能量和能力的。那么当孩子的恐惧出现时,我们具体应该怎么引导呢?

1.站在孩子的立场,理解孩子的恐惧和不安

小明是个比较谨慎的孩子,有些行为表现容易让人感觉他

很胆小，在1岁多出去玩耍的时候，总是不太敢靠近他人。他1岁多的时候，做事依然非常谨慎，连学走路都很不容易磕到，从来不会去做没有把握的事情。但有时他又非常勇敢，如他非常喜欢挑战，喜欢滑滑梯，喜欢从高高的山坡上滑下来。在这个过程当中，他的爸爸妈妈并没有做什么特殊的事情，只不过是在每一次他哭泣害怕的时候，尽量去理解和看见他内心的害怕，理解他对一些事物的畏惧和担忧。同时他的爸爸妈妈特别注意培养孩子广泛的兴趣，让他在多种游戏当中玩耍，尤其是去玩一些释放自己、让自己哈哈大笑的游戏。在玩游戏过程中，爸爸妈妈也是全身心陪伴他，让他没有后顾之忧。有了这么多丰富的体验，他的恐惧心理也就慢慢改善了。所以在疏导孩子的恐惧心理时，第一要做到理解和看见。父母是大人，所以在父母眼中，可能是：

"这有什么可害怕的，不就是这么点小东西吗？"

"怎么就能吓到你了，你还是不是男子汉？"

"你就这点出息，这点东西都怕！"

这都是父母的主观评判。小孩子眼中，恐惧是真实的，否定他的恐惧，并不能让孩子真正变得勇敢，他只会把自己的恐惧藏起来，在家长面前表现出勇敢的样子，让家长感觉心里舒服一点。但实际上，他对恐惧的事物没有妥善理解，那么下一次他依然会感觉到害怕，每一次他都会有不知所措。

2.给予安全和抚慰

有一次，女儿说要在奶奶过生日时唱一首歌。可是当我

和家里人全都准备好，我们非常期待地看着她的时候，她突然有些害怕，告诉我她有点害羞，不想唱歌了。我们先给了她掌声，然后我说妈妈可以和你一起，可是她依然不想尝试。虽然感觉从大人的角度来说有些遗憾，也有些没面子，但久经考验的我早就不在乎这点事了，我很快接纳了她的恐惧。我说："那好，也许这一次我们还没有准备好。这一次我们就先不当众唱给大家听了。"女儿点点头，表示同意，她也并没有因为这一次的退缩而变得更加胆小。在后来过年聚餐的时候，她把这首歌唱得更加熟练，有了一次更好的成功体验。

3.进行客观的描述，了解恐惧的来源

在女儿那一次的退缩之后，我这样问她，你觉得恐惧是什么？恐惧会捂住嘴巴不让你说话吗？还是它拦住了你的腿，不让你行走呢？女儿说："恐惧啊，像个小怪兽，它好像在我鞋子上爬。"我又问她，那你是怎么战胜恐惧的呢？她说："因为我看到妈妈在身边，妈妈和我一起说，我就不害怕这个小怪兽了。"但是也有时候孩子的描述没有那么清晰。

我儿子对于情绪的描述就没有妹妹那么细致。有时候恐惧的来源，他说得并不是很清楚，他只是说我不喜欢这样子，我不喜欢这个人说这种话。即使是简单的描述，我们也应当非常重视孩子内心的排斥和抵触。

4.和孩子一起寻找办法

我们先要告诉孩子，我们始终在身边，只要你准备好了，随时开始尝试都可以。我们要注重培养孩子的能力，当孩子真正看到自己的能力，看到自己可以改变周围的事物，看到自己可以做到一些事情的时候，他会更加坚信自己是能够改变一些事实的，自己是可以战胜恐惧的。当然这些解决办法我们要启发孩子去思考，从孩子的角度来想，而不仅仅是用我们自以为是的方法加到孩子身上。

劳伦斯·科恩在《游戏力》中曾提到"轻推"的方法，特别适合有恐惧情绪的孩子。轻推的关键点是把孩子带到情绪的临界点，这是个心理位置，在这个位置上，有能力面对恐惧，虽然感到害怕，但还能有所行动，至少能够向前一小步。找到这个位置很关键，我女儿小时候滑滑梯的时候，一直需要我扶着，甚至半抱着，我就留心这个轻推的位置。从一开始的两只手扶着，到一只手扶着，到一只手拉住衣服角，我终于找到了那个孩子觉得相对安全，又可以进行尝试的点。寻找这个点，需要我们对孩子有足够的了解和观察。

科恩提出了轻推的五个原则：

第一个原则，始终陪伴，让孩子知道我们就在身边。

第二个原则，速度要慢，给孩子足够时间做好准备，只有给予足够的时间，轻推才能发挥作用。

第三个原则，经常暂停，永不放弃。这也是让孩子掌握节奏，不要太快。如果孩子觉得不敢尝试了，就赶紧停下来。

第四个原则，保持在情绪临界点上。如果顺利就往前一步，如果不顺利就暂停，甚至后退。不要想着一次就能够成功。

第五个原则，始终给予感情支持。让孩子感受到爱和关

注。告诉孩子"你可以做到,哪怕做不到,也没关系。"

5.多带孩子交朋友

有父母爱,有朋友的友谊,有他人的关心,孩子的生活会更加丰富,他的内心也更加充盈。爱会在孩子的内心点亮明亮的灯,驱散恐惧。

## 分离焦虑,请你多陪陪我

2~6岁的孩子普遍面临的恐惧中,分离焦虑一定高居榜首。闺蜜曾和我说,以前看到幼儿园老师把哭闹的孩子抱进幼儿园,总是觉得这孩子父母怎么做的,让孩子哭成这样。可当自己做足了准备,孩子依然入园哭闹时,她却由衷地感谢那位温和坚定地把孩子抱进幼儿园的老师。

对于分离焦虑,每个孩子都有不同的情况,有的父母和孩子做足了准备,真要入园时依然哭天抢地不愿意去;也有的孩子很轻松地就入园了。孩子个性差异较大,我们也只能从孩子外在表现去观察孩子的入园情况。通常来说,日常生活中能独立玩耍、乐于社交、喜欢与人交流、自理能力较强的孩子,入园期都能平稳度过。而如果孩子之前没有这方面的过渡和适应,突然就走出家门,来到陌生的幼儿园环境中,孩子的焦虑情绪和恐惧情绪就会比较强烈。

试想,对于一个两三岁的孩子而言,他从自己的家走进一个陌生的幼儿园，他可能有哪些担忧呢？也许他担心自己的爸爸妈妈不能及时来接他，他一个人孤孤单单没有人管；他也许担心，有些玩具不会玩，别人会嘲笑他；他还会担心有没有小朋友会欺负他，那些小朋友是友好的吗；他还可能会担心自己能不能做好一些事情，如果做不好，老师会批评他吗；也有的小朋友在担心幼儿园的饭菜吃不完怎么办，得不到小红花怎么办。各种各样的事情都有可能造成小孩子们的恐惧。但是令他们最恐惧的是，爸爸妈妈还爱我吗？我还能见到爸爸妈妈吗？孩子入园之前，很多爸爸妈妈也都是痛苦而焦虑的。

还记得第一次送儿子去幼儿园，我陪他玩了半小时，然后按照园里的要求家长们就要离开了。我对儿子说："妈妈先去上班了，这里有老师陪你，一放学我就会来接你好吗？"他说："好的，妈妈再见。"

我却连一句再见都哽在喉中说不出口。磨磨蹭蹭一会儿还没走，被他看到了，他问我："妈妈，你怎么还没走啊？"我又欣慰，又心酸，快速走出教室门，穿过长长的走廊，确认孩子看不到我了，眼泪就开始往外涌。

我知道，在孩子入园期，父母的表现极为重要。《游戏力》的作者劳伦斯·科恩曾做过著名的"第二只小鸡"的实验，形象地展现出大人情绪对孩子的影响。

实验一开始，科恩在小鸡们出生几天后，一只一只地捧起并吓唬它，等他将小鸡放在地上后，小鸡被吓得僵在地上装死，一分钟之后感觉安全了，又四处走动。

## 06 恐惧：无法掌控带来的安全感缺失

第二次，他同时吓唬两只小鸡，结果两只小鸡一起装死，持续的时间长达五分钟，比一只小鸡装死的时间要长很多。

第三次，他吓唬一只小鸡的同时，让另一只小鸡在旁边闲逛，结果这只被吓的小鸡仅仅在地上躺了几秒钟就起来了。

通过这个实验，劳伦斯发现，受惊的小鸡会观察第二只小鸡在干什么，以此来判断所处环境是否安全。很多时候，我们作为孩子身边的人，就扮演了第二只小鸡的角色。当我们情绪平和放松，愤怒或恐惧的孩子慢慢会冷静下来；我们焦躁不安动辄打骂，孩子也更容易情绪失控或者情绪压抑。我们的情绪对于孩子有非常重要的示范和参照作用，同时，我们对孩子的回应方式，也决定了孩子大脑的思维模式。

在孩子入园之前，我们也是做了很多准备的。最早是读一些故事，如《魔法亲亲》《汤姆上幼儿园》，还有一些与集体生活有关的故事，如"弗洛格系列"绘本、《小猫当当》等，这些都可以让孩子对集体生活有一定的了解。和孩子分离时，要记得给孩子一个亲亲或者拥抱。当他想爸爸妈妈的时候，就可以回想一下我们这个亲亲和拥抱，感受到爸爸妈妈的陪伴。我的好朋友也会让孩子带着她最喜欢的玩具去幼儿园，这样每次入园都能感觉很开心。然后我们可以创造一些小型的集体活动，如小型故事会，几个家庭的户外活动，几个小伙伴的外出玩耍等，让孩子能够有短暂的时间和朋友一起互动，并慢慢延长这个时间。我还会组织几个小伙伴一起聚餐，练习自主进餐，在活动中表达和互动。在入园的前两个月，我们的早教课

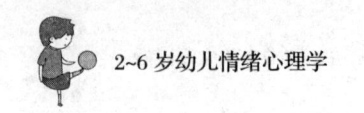

程中还设置了3小时的独立课，孩子跟随老师一起按照幼儿园的节奏进行活动，这对孩子也是极大的锻炼。我们家两个孩子的入园都比较顺利。

当然，在有些情况下尽管我们做足了准备，对有的孩子来说，真正来到幼儿园，真正看到幼儿园的大门，真正看到爸爸妈妈转身要离开，看到老师慢慢走近，孩子内心的恐惧也会无限地放大，他有可能崩溃地大哭，也有可能无措地大叫，我们的内心也是揪心的。这个时候我们应该怎么办呢？

我们应该首先坚定地抱抱孩子，告诉他："吃完加餐，妈妈就可以来接你了，妈妈会永远爱你的！"通常，很多孩子在哭泣之后也会慢慢冷静下来，投入到活动中。如果孩子持续出现不适应的情况，父母也有必要在接回孩子后多多陪伴孩子，一起做游戏，让孩子开心起来。在入园这件事情上，没有什么满分的做法，也没有什么绝佳的策略。每个孩子的情形不同，每个孩子的家庭不同。我也曾见过，有的爸爸妈妈不忍心孩子这样的痛苦，就让孩子的爷爷奶奶照顾两天，每周让孩子上三天的幼儿园，慢慢地再上四天、五天，有这样一个缓冲期，孩子也适应得不错。也有的孩子大哭了几次之后，很快也适应了幼儿园的活动。

但是每个家庭的情况不一样，我们需要知道的是，有些哭泣不一定是伤痛，是情绪的爆发，孩子用最大的声音，最多的眼泪告诉我们他的恐惧。那么我们生活当中就要注意给他更多的爱与关心，给他更多的接纳与抚慰，让孩子的情绪慢慢平复下来，积攒更多的积极能量。曾经有个好朋友告诉我，她儿子在入园的时候整整哭了五十多天。这五十多天对她来说每一天都非常痛苦。但是在她儿子三年级以后，看着他优异的成绩、敏捷的思维、良好的习惯，她也终于知道当时的那些担忧已经全然淡化。

# 07 自卑羞愧：

## 自我价值感受到损伤

　　我们中的很多人，可能都是听着别人评判的声音长大的，你这个不好，你这样不对，你怎么能这么做……这样的声音听多了，就会内化为我们心底的一套标准，时时刻刻在监视着我们。孩子也是这样，陷入自卑羞愧的情绪里，他们不知道真实的自己是谁，自己的喜好和想法都不重要，只是一个劲地评判自己，你不行，你不好，你不对……

　　教孩子做个钝感力强的人吧，认识自己，悦纳自己，不畏惧外在的声音，也不必与自己的不足较劲。每个人都不完美，每个人都很重要，每个人都值得更美好的人生，不是吗？

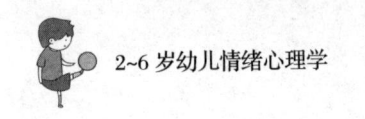

## 太随和的孩子,就是"怂包"吗

我们前几章讨论的情绪其引发事件都是外部世界,但接下来我们要讨论的情绪反映着孩子对自己的评估。孩子如果感觉自己的表现低于自己或他人的预期,就会感觉自卑、内疚、羞愧等。这种情绪常常被称作自我意识情绪。

其中,自卑指的是孩子觉得自己不如别人的一种情绪;羞愧指的是当一个人做错了事情,并在对此加以解释时,侧重于自身整体一贯的不足时感受到的情绪。有研究显示,容易羞愧的人感受到的愤怒和社交焦虑也更多,并且较少体验到共情,主要是因为羞愧倾向于把负面的后果归因于自身的缺陷,并对此无力控制,会强烈地感受到他人的不认可,因为他们比较容易对来自他人的否定感到愤怒。这也就能够解释为什么有些孩子明明自己做得不好,在受到批评感觉到羞愧或能力不足时,他们想要做的并不是努力提高自己,改变别人对自己的看法,而是会恼羞成怒,甚至变本加厉和别人对着干。

提到自卑,我们很可能联想到孩子的以下行为:

有的孩子不问好,遇到别人也不敢抬头与别人对视;

有的孩子也怎么不说话,看上去老老实实的,但是却又显得没那么有礼貌,你跟他说话时,他往往还会有些回避;

也有一些孩子,面对别人的质疑,即使自己有理,也不敢大声说,如果别人说自己错了,他就下意识的觉得自己真的错

了，容易跟着别人的意见走，别人说什么就是什么，哪怕别人的行为在一定程度上侵犯了自己的权益；

有的孩子即使有自己的看法，一旦别人提出了不同的意见，自己就很容易放弃自己的看法，如果别人强硬地对待自己，那更是立刻退缩，不敢对抗。

家长看到孩子这样的表现，往往觉得没出息、像个"怂包"，从这些孩子的行为中能比较明显地分辨出自卑情绪。

自卑情绪其实和孩子自身的能量较弱有关。有些孩子年龄偏小，认知能力不足，对自己的想法没有那么确定，因此面对别人非常坚定地表达自己的想法时，他们就不太敢于坚定自己的想法。这样的行为在很多家长眼中就显得很怂，很胆小。有些家长还会采用贴标签的形式，埋怨孩子怎么这么胆怯，为什么不敢大声地表达自己。

曾经我也有这样的困扰，总觉得儿子太随和了，不怎么表达自己的意见。有时候我忍不住了就故意惹他，看他要发火了，顿时放下心来——原来也是有自己的底线的。可见当时的焦虑之心多么严重。

儿子在幼儿园中属于年龄比较小的孩子，小区里和他一起玩耍的小伙伴也往往都比他大。3岁多的时候，我就注意到他在和小伙伴玩耍时经常谦让，小伙伴都喜欢跟他玩耍，当时觉得随和友好的孩子真的太暖了。可慢慢地，我也发现，他习惯听从别人的决定。别人说怎么玩，他就跟着怎么玩。有时候他玩着其中一种游戏，同伴要玩另一种，他就乐呵呵地跟着去玩另一种了。老母亲心里又禁不住犯嘀咕：会不会太没有主见了？是不敢提出自己的反对意见吗？可观察孩子，却发现他玩得也很开心。随着年龄的增长，我发现他也有自己一些独特的玩法，也喜欢和小伙伴分享自己发现的乐趣。

为了让这个小暖男能够有主见一点，我经常鼓励他做决定，出去玩、玩什么、吃什么、周末怎么安排、对一件事情有什么看法、对动画角色的分析等。虽然都是一些简单的思考，但能够看得出他能够理解一些事情的多面性，也对自己的优势有了更准确的认知。为了方便他和同伴交流、表达意见，我们有时候还告诉他具体的句式，如"某某，我想玩搭乐高的游戏，我们一起搭个小房子好吗？"并和他一起聊他喜欢和谁玩、玩什么、最喜欢的食物、最喜欢去的地方、最喜欢的故事……在这样不断挖掘自己的兴趣爱好、挖掘自己的想法中，孩子对"自我"这个概念越来越了解，"自我"与"他人"之间也有了独立性。到孩子五六岁以后，我发现随和的孩子也有了明确的自我界限，在和妹妹之间、和朋友之间也能够维护自己的权益了。

有一次他的朋友打了他的头却不道歉，而他也不肯原谅。第二天，我问起这件事，他说：我已经原谅她了啊！我问：为什么？她并没有说对不起啊。他告诉我：妈妈，可是我的头现在已经不疼了。温和的孩子有了自己的界限，也有了让自己舒服的社交模式，还有什么比这个更让人开心的呢？

我常常鼓励身边那些乖孩子的父母，要多带孩子增长见

识，让孩子去和不同风格的小伙伴玩耍，不断提高他们的认知水平，给孩子积累一些良好的社交体验。我们还要创造更多的机会，让孩子感觉自己的想法很重要，别人如果听到了自己的需求，就会很重视自己。同时，我们更要信任这些孩子，不要总是焦虑他们会不会吃亏，是不是需要额外的保护，我想父母的信任和支持，是让这些乖孩子能够走向自信、走向勇敢的坚强后盾。

有一次，儿子推着妹妹，我有些担心，忍不住提醒他：

要慢慢推，不能太快。

不要摔着妹妹，要避开小石头。

推的时候不能拐弯，小车不稳。

提醒完了还忍不住用手扶着妹妹。

儿子立刻阻挡了我的手，气呼呼地说：我能行！

我突然发觉，作为父母，其实很多提醒和动作都暗含着：你不行，你不会，我信不过你，你不值得被信赖！

信任是一份由衷的肯定。做好防护，提前教会细节，约定好速度，然后闭上嘴巴，严阵以待就可以了。在我这样调整之后，也发现孩子比以前做事情更有想法，也有了比以前更强的判断力。

前些日子，我带着儿子女儿一起去公园里玩，两个孩子都想要去划船，说上一次爸爸和奶奶带着来玩，玩得可开心了，他们还都学会了这种脚划船——爸爸也划过这种船呢。我却对这些漂浮在水上的船有些畏惧，斟酌再三我对儿子说："如果

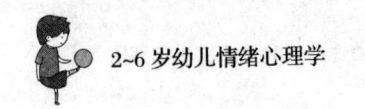

真的要玩的话，我不会划，可能就靠你了，而且我有点害怕，可能还需要你来照顾我和妹妹呢。"

儿子一听，也有些犹豫了，他想了想说，要不先不玩吧。然后我们继续往前走，没过两分钟，他突然拉住我：妈妈，我觉得我们还是去玩吧！

啊，那我不会划也没关系吗？

我上次就自己划了，我划得也很快。

那一刻真的觉得这个小男孩有了责任和担当的能力。我们按照工作人员的要求做好防护上了船，一开始我紧张得不敢动，儿子悠哉悠哉划得可带劲了，方向掌握得也非常好，他得意地冲我笑，妹妹一个劲地喊："我哥哥真的太厉害了，可以划船带着我和妈妈玩呢！"

想想以前的担忧，看看眼前的成长，让我也感慨万千。作为父母，当看到孩子自卑或者是不太敢表达自己的时候，我们可以更多地肯定他、鼓励他、等待他。当他没有做好准备的时候，给他一点时间，当他没有掌握技巧的时候，给他一点练习，当他没有胆量的时候，给他更多的肯定和鼓励，给他更多锻炼自己、提高自己的机会。我想在这些自我评价的情绪当中，父母和孩子应该是共同成长，共同去拥抱自己的这份情绪。正如阿德勒说："我们每个人都有不同程度的自卑感。而这种自卑，是因为我们都想让自己更优秀，让自己过更好的生活。"当孩子建立了自信，就如同阳光照进温柔的水面，那里涌动着无穷的能量，也拥有无限的成长。

07 自卑羞愧：自我价值感受到损伤

## 调皮捣蛋的孩子，也会自卑吗

我们常常觉得退缩、胆怯是自卑的表现，但事实远远不止如此。自卑感在孩子身上的表现是多样的。

个体心理学之父阿德勒在《自卑与超越》一书讲了这样一个故事：

有三个孩子都是第一次去动物园玩。当他们站在狮子笼前面时，一个孩子躲在妈妈身后说："我想回家。"

第二个孩子脸色发白，腿脚颤抖地站在原地说："我一点儿都不怕。"

第三个孩子恶狠狠地瞪着狮子，问妈妈："我能向它吐口水吗？"

其实这三个孩子都有些害怕，有自卑情绪，在狮子面前感到自己的无能为力，但他们都有自己不同的表达方式。

孩子的自卑羞愧从失败和失误开始，他们将失败归咎于自己的能力不足，会有一种强烈的痛苦的体验，这种就是羞愧，或者说羞耻感，而这种感觉常常引发焦虑甚至愤怒。每一个孩子都在自觉不自觉地与别人进行外在和内在的比较，并通过比较了解自己。有些孩子有自卑情绪，处于低自尊的状态，他们没有办法确认自己的价值，找不到在集体中的归属感，可能会通过寻求过度关注、渴望外在评价来获得对自我价值的肯定；也有的孩子担心别人看不起自己，为了弥补内心的自卑，会故意装作非常强硬和不好惹的样子，就像故事中的第三个孩子一样。

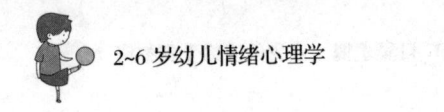

这类孩子的行为表现相对复杂，可能是不配合、易烦躁、爱捣乱、能惹事等。如果家长不留心观察，可能会觉得他们行为不良，只去纠正他们的行为，那将会适得其反。《正面管教》中曾说："一个行为不当的孩子，是一个丧失了信心的孩子。"家长需要学习的是，通过孩子的表现行为，看到他们内在的感受、想法、决定，从而进行恰当的、有针对性的引导，而不仅仅是改变孩子的表面行为。

1.要引导孩子对自己有正确的认知

我们和孩子在生活中经常会聊聊自己的爱好以及自己不喜欢的东西，还有自己的优点和不足，努力让孩子在面对自己的不足时，感受到的不是羞愧，不是自己无能为力的那种挫败感，而是了解自己，更好地认识自己，知道自己这里不足，那么在遇到一些问题的时候，我们可以采取什么样的方法去做。

2.不给孩子贴标签

不要总是评价孩子说"这孩子太不懂事了""总是捣乱"。家长眼中很多的"不懂事"，其实就是家长没有找到孩子行为背后的原因，没有对孩子根源的问题进行引导和解决，那么孩子反复遭遇问题，就会表现为各种不当的行为。

我认识一个孩子，总是打人，对别人有攻击性，有时候别人不小心碰了他一下，他也要不依不饶地控诉。后来在和孩子聊天的时候发现，这个孩子曾经被高年级的孩子打过一次，他心里很害怕，总觉得别人都要欺负自己。久而久之，这份担忧和面对高年级孩子时的自卑，让他变得强硬而霸道，也伤害了很多无辜的小伙伴。

3.不要随意地否定孩子的行为

当孩子不断地被否定时，他们也会更加质疑自己，在社交中很容易被别人的意见影响。要更多地理解孩子的情绪和感受，经常告诉孩子我们爱他、关心他，并用行动实实在在地去帮助孩子，接纳孩子的情绪，引导他们的行为。还要注意不要去说一些否定孩子人格，或者是指责孩子的不理性语言。如果父母在和孩子相处过程当中给孩子足够的安全感和自信，那么孩子即使因为年龄特点，能力不足而感到自卑或羞愧，那么也是暂时的。随着年龄的增长，随着他们认知能力的发展，这份自卑也会随着时光的流逝而慢慢消退，随着他们的能力越来越强，自信也会在他们心中绽放最美的花朵。

4.要减少非理性的惩罚

很多父母在对待孩子时为了让孩子长记性，会采取一些惩罚措施。也许一开始震慑力还比较强，当一直这样的时候，孩子体验过疼痛和惩罚，在衡量过惩罚与犯错的成本之后，他就摸透了你的底线，也是知道有时也是可以冒着被惩罚的风险去犯错的（尤其男孩子）。我们也会发现，更多的技能，无法通过惩罚而培养。这时，惩罚就彻底失去了纠正行为的作用了。但是对于孩子自我的认知，对孩子个体的否定和惩罚，这些是会残存在孩子身心中，影响着孩子的健康成长。

当我们想要通过让孩子感觉自卑进而达到教育效果时，不

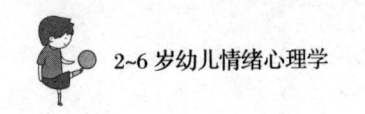

妨试试《正面管教》中的逻辑后果,也就是下面四项。

相关:指的是后果与行为是相关联的。

尊重:指的是不能包括责难、羞辱或痛苦,对所有相关人员都是和善而坚定的尊重态度。

合理:如果有些行为逻辑后果是为了让孩子尝到苦头,那么这个限度就不合适。

预先告知:没有预先告知,就更加带有临时惩罚的意味。

假如我们使用的"逻辑后果"没有符合这四个原则,那么我们的做法就无异于一种惩罚,而惩罚则会造成孩子怨恨、报复、反叛或者是退缩。也许孩子暂时能够服从,但是久而久之,孩子在和父母相处过程中就会出现其他的问题,比如沟通问题、陷入权力之争等。

使用合理的"逻辑后果",在孩子犯了错时,我们要让他们对事情本身负责,承担可能出现的一些不好的结果。

小孩子如果随便扔玩具,那么玩具可能会被收起来。

大孩子如果不按时完成作业,可能就没办法参与晚上的家庭时光游戏,也无法安排其他趣味活动。

这些是与事情本身相关的,能尊重孩子,也是合理的,并且这些情况要预先告诉孩子,让孩子有自主选择判断的权利。

我们对待孩子是接纳的、尊重的,孩子的自卑和羞愧情绪也很容易被接纳、理解。任何的负面情绪都有其正面的积极意义,我们所要做的不是逼着孩子坚强,也不是隐藏自己的软弱。而是把自卑、羞愧当作一个好朋友,倾听他们所表达的意义,理解情绪,看见情绪,才能够让孩子不被情绪束缚,自信乐观地成长。

## 小步前行,给自卑的孩子一份力量

引导自卑的孩子,是个技术活儿。有些时候,我们会借助夸赞,希望通过夸赞让自卑的孩子能看到自己的长处,积累一点能量;有些时候,父母可能也会用激将法,"你凭什么比别人差呢?"恰当的激将法也能让孩子反弹出一定的力量。但这些都是来自外部的力量,我们更需要做的是想办法激发孩子内在的力量。

自卑情绪往往来自孩子对自己过低的评价,是指个人体验到自己的缺点、无能或低劣而产生的消极心态。在这种心态下,有的孩子会想要改变,因而积极努力、奋发向上,改变让自己自卑的境况;也有的孩子因为自卑感过于沉重,而产生自暴自弃的心理,表现为做事情没有动力,觉得自己什么都做不好,因此什么也不想做,处于退缩的状态。

在这样的情况下,有的父母会想要替孩子去做,或者过度帮助孩子,而这些做法,无疑加重了孩子心中"我就是没用"的魔咒,可能会更加消极、回避问题、不敢尝试,久而久之,父母就会觉得这个孩子就这样了,无奈地放弃引导。

其实在这些孩子心里,他们虽然坚信自己"什么都做不好""很没用",但同时他们也隐含着一种期待:不要放弃我。可是这份期待无法通过正确的渠道表达出来,造成了表面上的退缩、无力。这时候,父母可以从这几个方面入手引导。

1.停下所有的负面语言

"这孩子怎么这样子""有什么好自卑的""明明做的那么好,怎么就不能再坚持坚持"……这些负面语言无法激起孩子的斗志,在自卑感强烈的时候,孩子需要的是支撑,而非鞭子。停下负面的语言,停下指责与评判,才能让孩子的内心也跟着放松下来。

2.关注孩子的优点

这时候的表扬,不许夸大,夸大的表扬过于失真,也会让自卑的孩子感觉不舒服。这时候多看看孩子做了什么,近期有什么进步,拿出实实在在的事情让孩子感受到自己是有能量去做事的。

3.把任务分解成小步骤,让孩子通过简单的练习就能够做到

孩子不敢在游乐场里玩,那我们先站着看一会儿?或者妈妈牵着你的手,去看看你感兴趣的玩具?第一步的步子不要太大,目的不是让孩子完成任务,而是让孩子了解具体的情形,了解、看见是克服自卑的前提。

4.做示范,不要代替孩子去做

当孩子了解了第一步,开始逐渐想要尝试时,不要过于兴奋地大包大揽,而是陪着孩子,让孩子按照自己的节奏去尝

试。这个过程也许比较慢，也许很耗费耐心，但对于引导孩子走出自卑来说，这些等待都是值得的。

同时我们也要注意日常说话时，避免给孩子贴上标签"这孩子就是很自卑""他不敢尝试"等，而是多给孩子信任，"等你准备好了，你也可以……""你学习一下怎么操作，你就能够……"爸爸妈妈们发自内心的信任和爱就是孩子最大的勇气来源。

## 改善父母的语言，让孩子拥有自信

很多人可能以为，父母的语言影响的是孩子的表达能力，但实际上，父母的语言在婴幼儿早期还承担着促进大脑发育的重要作用。我们都知道，人类的大脑是唯一在出生以后还具有可塑性的器官，在0~3岁，大脑能够发育到80%，这其中促使孩子的大脑建立神经连接的就是父母的语言。在《父母的语言》这本书中，作者达娜就给我们介绍了著名的"3T"原则法，可以激发孩子的大脑潜能，促进孩子心智发育。

共情关注（tune in）：共情关注你的孩子在做什么。

充分沟通（talk more）：与孩子讨论时使用大量的描述性词语。

轮流谈话（take turns）：和孩子轮流参与谈话。

在具体生活中，我们可以通过不同类型的语言来促进孩子

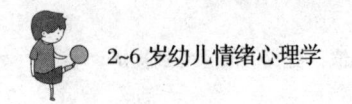

的健康成长,帮助自卑的孩子找到价值感,树立自信心。

1.鼓励性语言,激发孩子的内在动力

在如今,随着社会各界对家庭教育的重视以及中华人民共和国《家庭教育促进法》的颁布,家长们已经普遍了解了基本的家庭教育常识,尤其是正面的语言引导,也懂得肯定和鼓励孩子。但鼓励性的语言具体怎么用,很多家长可能还停留在"你真棒""真是爸爸妈妈的好宝贝"这类泛泛的夸赞上。要知道,夸赞能够让孩子感受到被表扬的喜悦,却也容易让孩子沉浸在这份喜悦中,忘了自己最初的行为和意愿。

为了更好地激发孩子的内在动力,让孩子更加关注自己良好的行为,我们需要使用鼓励性的语言。在正面管教中,赞美和鼓励有着截然不同的作用。

赞美:

你考了第一名,妈妈真高兴!

妈妈说的你都做到了,你真是个乖孩子!

你这么优秀,别人孩子都比不过!太厉害了!

你天生就是这么聪明!

大家可能会发现,一直听这样赞美的话,会感觉飘飘然,觉得自己很了不起,但是对自己的认知,对自己下一步的行动,似乎没有太大的启发。

我们换成鼓励的话是这样子的:

我看到你自己叠好了衣服,还整理了褶皱的床单,你能独立做好这些事了!

你在玩游戏时有自己的想法,还主动邀请别的小朋友玩,看到你们这么开心,妈妈都想加入了呢!

谢谢你诚实地告诉了我你弄脏了墙壁,你想怎么来清理干净呢?

你有自己的判断,妈妈相信你。

我们会发现鼓励的语言有这样三个特点:

第一,具体描述孩子做了什么,并肯定这样做产生的良好效果。

第二,具体描述孩子的行为给自己带来的感受。

第三,表达出对孩子的信任。

父母们在说这些具体的话语时,一定要在心态和理念上相应做出调整。有的父母在鼓励孩子时也难免出现语气生硬,孩子不肯接受的情况。这些也是正常的。任何一种表达方式和沟通方式的学习和实践都是要经历较长的反复练习,才能以适合自己的方式呈现出来。

鼓励性的语言一定是具体而生动的,并且关注到孩子每一个小小的举动。孩子玩耍时的每一次谈话,画画时的每一个笔触和配色,对家人的每一次信任和关心,对他人的微笑和友爱,都是值得我们聚焦鼓励的地方。这些语言丰富而具体,比夸张的赞美要平实一点,却更能让孩子感受到自己的行为是那么有意义,他们的内在动力也就慢慢积蓄起来。

2.启发性语言,打开孩子的内心世界

相信很多父母也有过这种体验,问孩子在幼儿园做了什么,孩子想不出来;孩子刚和自己聊了几句,就不说了;孩子有自己的想法,却不知道怎么表达,这时候就需要运用启发性语言。

启发性语言可以是一个有趣的小问题:你是怎么找到我的呀?我明明藏得很好呢!

可以是一个承接式的回应:哦,原来是这样,那后来呢?

可以是一个目光关切的肯定:看得出你当时一定……

还可以是具体的疑问:当时你在做什么?你看到了什么呢?

启发性的语言需要我们放下心中的预判,不要带着某一个答案或者某一个前提去诱导孩子做出回答,而是带着好奇、带着我们对孩子的兴趣,走近孩子的心灵。所以启发性的语言不能带着一刀切的决断,不能是一个确定的结论,而应是开放的、生动的、具体的、丰富的,是亲子之间温馨而流畅的互动。

3.描述性语言,丰富孩子的观察与认知

前面我们也提到语言要具体而丰富,因为这种细致描绘的语言能够让孩子直观地感受到我们交流的内容,让孩子对周围事物的认知更具体。

2~6岁的孩子认知能力还处于发展阶段,日常我们可以和孩子一起具体描述生活中的事物。漫天星空、碧海蓝天、朝晖夕阴、草木生长,都有着无穷无尽的乐趣和奥秘。与孩子聊天时,我们可以从颜色、形状、数量等外在状态进行描述,也可以从质地、感官体验等隐性的个性化特点进行描述。当孩子从外在进行描述时,他更加客观而真实,当他从自己的感官进行

描述时，就有了更多丰富的体验。而这些都是孩子成长路上宝贵的财富，有经验、有体验的孩子，遇事不容易慌张，遇到问题时也能够更准确地告诉大人。

4.正能量语言，帮助孩子建构人生观

在孩子价值观形成期，在他们对世界的了解还不全面时，大人的语言就是孩子的一扇重要窗口。他们从这扇窗口中看到的是阳光、细雨、阴霾或是雷电，都给他们内在的心灵空间建构了一个雏形。

有一段时间我工作压力比较大，经常是一脸疲惫地回家，孩子们找我读故事，我也总说"妈妈工作还没忙完，还要忙一会才能给你讲"。某一天我回去之后，孩子们安安静静地自己玩，突然女儿说："我长大了才不想工作呢，工作多辛苦啊！"我突然意识到，在这方面我给孩子们做了一个错误的示范。

意识到问题之后我开始调整我的工作节奏和陪伴孩子们的时间，也经常和孩子们一起聊我工作中的趣事，我发现这样一来，不但我自己对工作的态度转变了，孩子对职业的一些理解也更全面了，开始知道每行每业都有独特的价值，理解了很多工作虽辛苦但是却值得坚持。

## 培养抗挫能力，为孩子树立成就感

《被讨厌的勇气》一书中有这样一句话：决定我们自身的

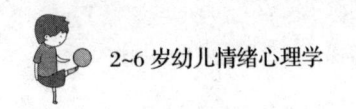

不是过去的经历，而是我们自己赋予经历的意义。在引导孩子树立自信的过程中，我们也要重视引导孩子正确看待自己和周围的人事物，找到自己的归属感和价值感。

1.给孩子足够的爱与底气

想要孩子能扛得住挫折，精神力量占了很大的因素。父母无条件的爱与支持、给孩子应对困难与挫折的底气，是最基本的。

生活中我们可以通过语言来告诉孩子：爸爸妈妈会陪着你，当你做好尝试的准备了，我们就去试一试。

我们也可以用行动告诉孩子：爸爸妈妈会一直拉着你的手，等你准备好自己过桥时，我们会一直在你旁边保护你。

我们还可以协助孩子：你可以告诉我们你现在需要什么样的帮助吗？

我们还可以用信任的目光告诉孩子：爸爸妈妈会一直相信你，为你加油！

爱与底气，是在告诉孩子，如果他想要出去闯，我们全力支持；当他还不想尝试时，我们会全心接纳，和他一起做好更充分的准备。

2.帮助孩子感受成就感，树立积极正向的自我评价

自卑的孩子容易在挫折面前退缩，对自我能力的评价也不高。也许从别人的反应，也许从一些习得性无助的经历中，他感受到自己能力不足，没有战胜困难的勇气，就更容易被挫折打败。

父母可以通过一些小事情帮助孩子建立一种信念——"我可以战胜困难"。

当孩子主动去探索困难时,当孩子做出了小小的突破时,当孩子自己想办法解决了搭建过程中的小问题……千万不要吝惜我们的鼓励,也千万不要夸赞"你真聪明",记得真诚地告诉他:

宝贝,你想出了_____的好办法解决了这个困难,你是个很善于解决问题的孩子!

当孩子受挫了不想继续时,记得不要说:"你怎么这么容易放弃?""男子汉要敢于面对困难!"而是接纳他的情绪,并坦诚地跟他说:

宝贝,这个问题总是解决不好,你感觉很挫败是吗?妈妈陪着你深呼吸冷静一下吧,也许你的小脑袋冷静一下,就会想出更好的办法来解决呢!

孩子受挫,不见得就是易放弃,缺乏能力,有些时候只是缺乏坚持下去的那份信心。而父母无疑是给予孩子底气与信心的关键人物。

3.引导孩子开放性思考,多渠道探索解决方法

正面管教中的"启发式提问""头脑风暴""家庭会议""选择轮"等都是非常适合帮助孩子进行开放性思考,寻找多种解决办法的方式。

在日常和孩子玩耍沟通时,试着多用启发式的问句,少用命令式的陈述句和祈使句,这会帮助孩子多思考。

最重要的，是我们日常的很多问题都可以让孩子来尝试解决。在《如何培养孩子的社会能力》这本书中，对于如何引导孩子寻找多种解决办法，作者提出最核心的一个原则就是不评判对错。因为对于小孩子来说，既要思考能怎么做，又要考虑这么做会引起什么后果，实在是太困难了，所以我们先鼓励孩子练习第一步，思考如何做。

在孩子能够经常想出各种各样的解决办法之后，我们再通过思考不同方式可能产生的后果，让孩子来找出最好的解决办法。

4.内在豁达，胜亦欣然，败亦可喜

提升孩子抗挫能力的方法有很多，包括多参加体能训练和户外活动，在运动中增强战胜困难的信心；培养孩子豁达的心性，拥有面对困难的勇气；让孩子拥有丰富多彩的体验和经历，开拓视野等。

《老人与海》中有一句经典名言：人可以被消灭，但不可以被打败。我始终相信，一个孩子心胸广阔无私，内在豁达坚韧，就是战胜挫折最大的力量。

## 让孩子内心强大、充满阳光

想要让孩子内心强大、充满阳光，还有两大法宝，一是运动，二是放手。体魄强健，自然内在坚定；独立自主，才更相

## 07 自卑羞愧：自我价值感受到损伤

信自己的能力。自卑羞愧的孩子，常常过于在乎外在的评价，对自己的真实能力又缺乏正确的认知，加之外部情形复杂，难免就惶恐不安、恨不得躲起来。

《运动改变大脑》一书中，有专家做过研究，有氧运动能迅速起效并抵御焦虑状态。这其中的原理是体育运动降低了肌肉的静息张力，因此减弱了传向大脑的焦虑状态。而且运动还能产生有镇静作用的化学反应。这就是为什么孩子处于情绪中时，通过一些运动、亲子游戏等活动能够帮助孩子平复心情。

运动对于自卑羞愧的孩子还有更深远的意义，就是运动本身能够让孩子强身健体，当身体更加有力，精气神也更足，孩子的内心也随之更强大，这是自然而然的结果。在孩子小时候，我们也很重视孩子的体育运动，经常带孩子骑平衡车，参加家庭迷你马拉松比赛，夏季的夜晚，带着孩子们沿着跑道慢跑，秋凉时节，和孩子们徒步爬一座小山。2~6岁的孩子要注意兼顾运动的强度和时长，既要保证锻炼的目的，也不能让孩子过于疲劳。

再来说说放手的问题。当下溺爱的现象也非常常见。父母常常看到"爱"这个字，却忽视了"溺爱"的本质，其实就是信不过孩子。不想让孩子承担责任，不敢让孩子练习技能，不相信孩子能做到一些事情。过于的包办和代替，让孩子缺失了足够的锻炼机会，说是"养废"并不为过。

所谓的放手，不是撒手不管，而是逐步培养孩子的能力，逐步练习让孩子学会担当，在这个基础上再来放手，给孩子尝试和自主解决问题的机会。结果也许并不完美，但这个过程孩子有资本去尝试，有勇气去尝试，在尝试中学习更多，成长更多。

# 08

## 其他几种常见情绪的引导策略

情绪的种类非常多,有些隐秘的、复合型的小情绪甚至连当事人自己都觉察不出来,但这些体验却会在人们心里留下印记。我们无须弄清每一种情绪的来龙去脉,但我们需要教会孩子认识和表达自己的情绪,当感觉不太舒服时,能够及时将情绪疏导出来,保持内心的轻松和释然。

沉重的翅膀,无法在高远的蓝天飞翔。让孩子内心像自由的鸟儿一样,能托起云霞,也能搏击长空,不惧风雨,终能在晴空歌唱,成为天地间最洒脱的精灵。

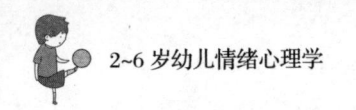

## 自私嫉妒：自我中心感受遭到破坏

　　自私、嫉妒是2~6岁孩子常见的复合情绪。这种情绪的出现往往与自我认知有关，其中自私是以自我为中心，总是考虑自己而忽视他人，而嫉妒侧重于当孩子发现自己在某些方面不如别人时，失去了自我的中心感，就会产生一种羞愧、愤怒、怨恨等复杂的情绪状态。这两种情绪状态放在一起讲，是因为自私与嫉妒有些密切的关联，往往出现在同一个孩子的情绪状态中。这种自我中心感的破坏，在遇到自己与他人的利益冲突时表现为自私，在遇到别人比自己好的情况时则表现为嫉妒。

　　想要深入了解孩子的自私与嫉妒，我们先要知道孩子的所有权意识。相信很多家长一定都记得孩子在两三岁的时候经常说的一句话就是"我的！""这是我的！"这是孩子知道"自我"与"他人"的界限，也就是所有权意识，它能够让孩子拥有自尊自主的意识，帮助孩子懂得珍惜自己的物品，维护自己的权利，同时也尊重别人的物品和界限。

　　在孩子的所有权意识培养期，我们要让孩子对"我的"这个界限有更明确的认知，而不是急于分享，这时候的"不分享"，恰恰是为以后的"主动分享"打下基础。例如，我们可以让孩子知道身体是"我的"，不能随便让别人亲，或者让别人碰；玩具是"我的"，别人想玩的话要征求意见，在这样的互动中，家长尊重孩子的所有权意识和界限，孩子对"自

我"的认知就更加清晰。此外我们还要继续给孩子补充"我们的""大家的""他的"等概念,让孩子知道除了自己,其他人也有自己的界限,有些界限是需要大家共同维护的,这样就逐渐建立起自我和周围人之间的平等、尊重的关系。而如果孩子在这些方面没有得到恰当的、足够的引导,对自我和他人的界限比较模糊,那么他就有可能不懂得维护自己的权益,也不懂得尊重他人的界限。

因此在这个阶段,我们经常看到孩子不愿意分享,家长就以为是"自私"。这时候最不应该做的就是强迫分享。当孩子的所有权意识没有建立起来时,我们要让孩子体验足够多的"我的",当孩子知道自己拥有很多,并且不会随便被别人拿走,自己分出去之后,自己能够得到快乐,并且自己还有富足,这样前提下的分享才是自发的、充满愉快的。

曾经接到一个家长咨询,说孩子总是见不得别人好,看到别的孩子被夸奖了,别的孩子得到礼物了,就会生气、抱怨。这其实就是自我中心感的不确定。当孩子看到其他人表现好的时候,就会下意识地对比自己的表现,会以为别人的好就意味着自己不好。而实际上,健康的心理状态应该是这样的:别人好,我也很好。当孩子对自我的归属感认知不够明确时,就会出现嫉妒他人的心理。

还有的孩子会表现为一定要争第一,争不到第一就会崩溃大哭。大人往往觉得孩子很要强,其实这种"非争第一不可"的心理,也隐含着自我中心感的破坏。只有成为最好的,才能被别人看见;成为第一,才能得到夸奖;成为第一,才能证明自己……

这样的信念在孩子心中植入过深，往往会带来严重的后果，当孩子得不到第一时，得到第一的人就是孩子怨恨的对象；当孩子得到第一时，孩子才会有优越感，甚至会看不起他人。

在家庭生活当中引导时，我们要注意以下四点。

1.不要强迫孩子分享

当孩子的所有权意识没有完全培养起来时，我们要注意引导孩子分清自己和他人的东西，不要急于强迫孩子分享。同时要给到孩子足够的满足感，让孩子身心感觉富足、踏实，他们自然会内心安定、乐于与他人分享。一个内心匮乏的孩子是没有余力与他人分享自己原本就不多的好东西的。

2.不要经常拿孩子和他人进行对比

我们可以欣赏孩子的优点，欣赏其他孩子的优点，鼓励孩子平等地看待他人，而不是当孩子表现好的时候就看不起其他孩子，或者当孩子表现不好时，就拿其他孩子的好的表现来贬低自己的孩子。

3.培养孩子广阔的胸怀

在生活当中，我们大人要给孩子做出榜样和示范，凡事无须斤斤计较，要多包容和理解他人，尤其是在团结协作方面，多给孩子做出示范，鼓励孩子在竞争当中培养良好的团队精神和合作意识。让孩子明白其他人不是竞争对手或者自己需要战胜的人，而是一路成长的同行者。

4.科学引导孩子的好胜心

孩子成功时，无须过分表扬让孩子内心膨胀，而是真诚祝

贺，并肯定孩子在此过程中付出的努力。引导孩子享受努力的过程和成功的喜悦，而不仅仅把目光放在结果上。视野和格局是一个宏大的话题，让孩子看到更广阔的世界，让孩子把目光放得更长远，他们才能够在这份广阔中找到属于自己的归属感。

## 孤独：缺乏陪伴或基本的社交能力

有这样一个小男孩，在幼儿园里总是一个人默默待着，眼巴巴看着别人玩，而自己总是处于封闭的状态。孤独也是小孩子常有的一种情绪，大部分的孤独是在特定情境中出现的，如缺少陪伴或者没有小伙伴一起玩，也有些孤独伴随着伤痛长久影响孩子，甚至导致自闭症等严重的心理问题。破解孩子的孤独情绪，我们可以这样做。

1.提供给孩子高质量的亲子陪伴

通常来说，如果父母忽视孩子或者平时控制孩子较多，孩子更容易产生孤独的情绪。因为从父母的态度中，孩子能体会到自己的感受不被重视，内心的需求无关紧要，这样以来他在社交中就如同一座孤岛。心理学家李雪曾说："母婴关系，决定了孩子的一切关系。"父母对待孩子的模式当中，就映射着孩子与周围世界的关系模式。

因此应对孩子的孤独，让孩子建立起自己与他人之间健康、良性的关系，就需要父母给孩子提供高质量的陪伴，让孩子感受到足够的爱与安全感，让孩子内心确定自己是重要的，是永远可以有依靠、有扶持的。这份联结足够强大稳固，就给了孩子一个如何与他人建立良好关系的示范。

2.为孩子寻找性格相投的小伙伴

孩子产生孤独情绪往往与社交有很大的关系，而对于幼儿期的孩子来说，社交对象有着极其重要的作用，往往影响着孩子对社交的第一印象。如果孩子和自己的小伙伴性情相投，容易进行良好的互动，那么孩子对于社交就会有一份愉悦的体验。如果和孩子一起玩耍的伙伴比较强势，或者做出一些不好的示范，让孩子有了一些糟糕的社交体验，那么孩子就很容易退缩或者模仿这些行为，这对孩子融入集体是非常不利的。

3.教给孩子基本的社交技能

我们家妹妹有一段时间经常告诉我，别人不和她玩，我就观察她和别人的社交互动，发现孩子是在看到别人已经开始玩游戏的时候，不知道怎么加入。这种情况在幼儿期也是非常常见的。

我们可以示范给孩子，如观察别人在玩什么，思考我们可以怎样加入。"你瞧，这个小朋友正在堆沙堡，你想去搭建点什么呢？""我想在城堡旁边种一些树。"孩子可以用自己的创意思维开启社交的大门。有时候我也会直接和孩子进行讨论，如果我们很想加入别人一起玩，可以怎么告诉别人呢？孩子们可以进行头脑风暴，如我们一起玩吧！我可以和你一起玩游戏吗？我有一个很好玩的玩具，你愿意和我一起玩吗？通过这样的一些示范让孩子慢慢学会社交。

4.为孩子组织精品聚会

如果孩子在社交中比较被动，和别人的社交关系比较弱，家长可以为孩子组织小型的精品聚会。邀请孩子比较能接纳的小伙伴，再通过一些有趣的娱乐活动，如故事会、手工制作、好玩的游戏等，让孩子和小伙伴能够有亲密互动的机会。在真实的社交活动中，孩子往往能够自然而然走出孤独。

当然我们也无须回避社交中出现的小问题，出现小矛盾时在维护两个孩子的权益同时，寻找适合的办法进行调解，也是需要父母的智慧来引领的。

5.让孩子学会和自己相处

孤独是孩子的一种情绪，我们除了要引导孩子和他人建立良好的关系，也要培养孩子和自己相处的能力，这就需要让我们的孩子感受到生活当中的乐趣，有自己的兴趣爱好，能够投入自己喜欢的游戏或者丰富的活动中去。这样一来，孩子能够自主规划喜欢的生活，让自己的内心感觉充实愉快。常言道，唯有热爱可抵岁月漫长，也唯有生活中的喜悦和趣味能够消解孩子的孤独情绪。

## 抑郁焦虑：无法向外攻击转而攻击自己

当下，儿童抑郁的情况逐渐增多，抑郁情绪虽然不是抑郁症，但也是一种能量特别消沉的精神状态。心理咨询师吕建华曾在自己的书中分享过抑郁情绪的典型症状,可以帮助我们了解抑郁情绪。首先就是"三无"——感觉孤立无援,对现在和未来感觉无望甚至绝望,感觉自己做的事情是无用的、没有价值的;还有"三低"——情绪低落、思维低速迟缓、意志降低;"三自"——过分的自责,坚信自己犯了错,自伤自残。抑郁是一种攻击自己、惩罚自己的情绪,这种状态也许源于习得性无助,也许源于沉重的打击,或者长期的精神压力。2~6岁儿童较少出现抑郁情绪,但焦虑、恐慌等类似的情绪也经常出现,在日常生活中我们要注意预防为主,让孩子内心充满阳光。

1.不要给孩子过大的压力

抑郁和焦虑情绪的出现往往是因为压力过大,这种压力可能源于外部环境,也可能源于孩子的内心,不管是哪一种,我们作为家长都要学会给孩子调节压力。当发现孩子有比较大的精神压力时,可以带孩子玩一些轻松的游戏,或者适当降低目标,给孩子一个缓冲的空间。生活中家长对于孩子的精神状态要有比较敏锐的觉察力,看见往往是疗愈的开始。当孩子感觉自己被理解、接纳,他们内心的压力便不会成为一个可怕的存在。孩子内心有爱的种子,有生机勃勃的能量,很多压力也会在孩子心中转化为动力。

2.经常和孩子进行情绪的宣泄

这方面我们前面也讲到过一些,除了那些哈哈大笑的游戏、对抗游戏、竞技游戏、角色扮演之外,我们还可以通过小物件排列、正念等方式让孩子的情绪得到表达和疏导。教会孩子良好的情绪表达方法，让孩子的情绪能够及时地排解出来，并且说出自己的困扰，这并不容易，很多孩子因为怕父母批评、担心父母生气而把自己的情绪隐藏起来。

3.教会孩子爱自己，任何情况下都不能伤害自己

爱自己，接纳自己的负面情绪也是一个非常重要的命题。很多父母自己都排斥负面情绪，我们首先要做出调整，给孩子示范，当出现负面情绪时，不要过多地指责自己，苛求自己，而是接纳和拥抱自己，梳理好自己的情绪。如果发现自己无法解决的问题时，也不能伤害自己，要学会向他人求助，永远告诉孩子方法总比问题多，如果真的出现较长时间的抑郁或者难过的情绪，则要寻找家长或专业的老师帮忙。

## 失望、绝望：希望遭到破灭

曾经看过这样一则新闻，一个女孩因为爸爸妈妈不给自己买某个玩具，绝望之下撒泼哭闹，以头撞墙逼家长购买。我们以此为例，来说说如何让孩子接纳失望的情绪、避免陷入绝望或者崩溃。

1.从小开始，给孩子足够的回应，让孩子感受到父母重视他的需求

这些需求可能不是物质上的，可能是一次陪伴，讲一个故事，也可能是下班后的一次捉迷藏，或者是当孩子有情绪时默

默的安慰，以及孩子受挫时信任的眼神。

我想通过这些回应，让孩子知道：宝贝，你们的需求我看得见；能够当下去满足的，爸爸妈妈会尽力满足；如果当下不能满足的，不用担心，我们可以通过一些等待或者努力，找到其他满足的机会；而对于一些实在不能满足的，孩子，有些时候，我们还要学会放手，别难过，爸爸妈妈会一直陪着你，我们去抓牢那些已经拥有的东西，去体验当下的幸福。

2.从小开始，去关注孩子的内心，了解孩子的真实需求

有些时候，孩子需要的的确是一个玩具，这是事实；但有些时候，孩子想要的那个玩具，也许代表的是别的含义，比如一次情绪的发泄，一次久违的接纳，或者一次权力的抗争。

当我们在忙碌中忘了与孩子保持良好的沟通，孩子一出现问题就各种说教，各种指责，说他这不好、那不好，这时他又很想要一个玩具，我们又从这个玩具出发，指出他的各种不足，他会不会自暴自弃、不依不饶？

很多情况下，孩子会把玩具当作和父母争夺权力的象征。这时候孩子最需要的并不是玩具，而是情绪的疏导，对他们自我的接纳，以及父母与孩子之间放下权力之争。

一个玩具而已，如果一个孩子生活丰富多彩、内在安定愉悦，即使现在不买，以后也有机会买；即使暂时不玩，还有很多更好玩的东西。是什么让一个玩具在孩子的心目中，变得那

么重要、那么不可代替？是什么让孩子坚信"我不买这个玩具我就得不到快乐、得不到幸福"？甚至不惜用撒泼哭闹甚至撞墙的方式来争取？

孩子想要玩具，原本就是想要一份快乐和满足。可如果用一种痛苦的方式来挽留这份快乐和满足，就意味着他在追求美好的路上遇到了一些困难，需要我们帮他梳理清楚。

因此，在具体问题上，我们和孩子在日常要有大致的约定和思考方向。

例如，在买东西时量入为出，有合理的约定，引导孩子购买能够持续给自己带来快乐的东西，提高孩子的鉴赏力等。这个可以根据孩子的性格来制定，如我儿子遇事比较好商量，这个约定我就定得比较粗放，让他知道一个月买两次玩具，一到两个月吃一次肯德基（根据他想吃的时间灵活确定）。如果有额外的机会，可以根据当天的规划商量。

而妹妹古灵精怪爱撒娇，我就会具体到买多少块糖果，或者多少块点心等。并且一定要告诉她下一次什么时候买，这一次买的我们可以吃到哪一天，务必让她心里有底，知道我们不会让她随意扼杀她的需求。

如果孩子平时就了解到爸爸妈妈不会随意扼杀他们的需求，会满足他们健康的需求，而一些不够健康的需求（如垃圾食品等），我们会在尽量降低频率的情况下适当满足。得到允许，得到理解，得到爱的滋养，他们对这些需求的把控相对来说就会容易很多，在希望破灭时也会更加容易调整好

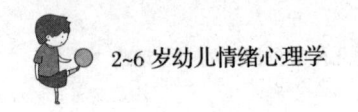

自己。

## 难以沟通的孩子，如何赢得他们的合作

针对特别难以沟通的孩子，想要他们合作需要我们更多的耐心，以及更有智慧的启发。

1.提前沟通，明确规则要求

这是很多爸爸妈妈容易忽视的一点，孩子遇到事情出现了情绪问题，往往是因为没有心理准备。假如提前沟通过，在生活中和孩子一起思考过问题的解决思路，往往孩子会更容易合作。

例如，到了吃饭的时间不吃饭这件事情，吃饭是一家人的温馨时刻，如果孩子没有听从，我们先要解决的是，孩子是否知道一家人一起吃饭是我们的一个约定？同时要留心观察的问题是：

孩子饿不饿？——不饿的话要不要一起吃饭？

孩子在玩什么？——玩玩具时到了吃饭时间如何取舍？

孩子是否认同爸爸妈妈？——如果有情绪对抗如何解决？

事先解决好这些问题，我们才能去思考孩子听不听话的问题。

2.透视孩子的内心需求

孩子了解规则之后，并不一定都能够做到，这是为什么

呢？因为他也有自己的需求，如果他的需求得不到满足，他就无法进行其他发展。

家里有这个玩具了，不能买。

其实我更想知道这句话说出之前，孩子说了一句什么样的话？

孩子可能说：这个玩具真好玩啊！这时我们应该说的不是"家里有这个玩具了，不能买"，而是说：宝贝，看起来你很喜欢这个玩具啊！

我们的一份接纳、一份理解，就可以让孩子去专心享受这个玩具的乐趣，而不是纠结于买还是不买。

孩子还可能说：这个玩具我想要。这时我们应该说的也不是"家里有这个玩具了，不能买"，而是：宝贝，你想买这个玩具是吗？想一想，这个周的玩具购买计划还可以买吗？

如果可以，那就买，如果不可以，那坦诚地告诉孩子，本周（或者本月）的计划没有了，我们可以多玩一会，或者下次再买。

假如孩子说：我必须买，不买我就不走了！这时我们应该说的依然不是"家里有这个玩具了，不能买"，而是：宝贝，现在不能买玩具，让你很难过、很生气，妈妈非常理解你，如果你想在这里冷静一下，妈妈会陪着你。

孩子出现情绪时，我们要帮助孩子疏导情绪，而不是继续强调原则。当孩子情绪平缓下来之后，我们再告诉孩子原则，他就会比较容易接受了。

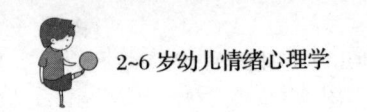

一个五六岁的孩子,他一定知道他可以和弟弟妹妹分享,但是有些情况下,他也很想玩,他也是孩子呀,那这个时候他也是有需求的,我们怎么去处理这样的需求呢?

你都这么大了还不让着弟弟妹妹?你长大了,你要懂事了!这些话最伤孩子的心。

不如换一种说法:

宝贝,你是想一直玩这个玩具呢,还是想玩一会儿然后借给弟弟妹妹玩呢?

如果孩子说想一直玩,那我们这时候要有一个判断,那就是家里的玩具如何玩,孩子是否有一个约定和界限?

我们家是这样的,有一部分玩具是共用的,比如乐高积木,大家可以轮流玩;而有的玩具是专属的,比如妹妹的小厨房,哥哥的玩具枪,那么专属的玩具我们可以先自己玩,也可以借给对方玩。

有了这样一个约定之后,孩子就知道玩玩具也是有公平性和界限感的。而不是单纯地让大孩子觉得他就该无条件地让着小的。

那么当孩子不想分享的时候,我们也要尊重他,可以问一问,你愿意什么时候借给你的弟弟妹妹呢?我儿子一般说5分钟后。我说好,那就5分钟后。往往呢,不到两三分钟他就借给妹妹玩去了。他其实要的是什么呢?就是那种选择权,他要的就是我们对他的那份尊重,毕竟那是他的东西,他有绝对的权力去决定他什么时候分享,他分享要分享多久。这种状态是

## 08 其他几种常见情绪的引导策略

亲子关系、兄妹关系都没有矛盾的情况下，孩子主动的选择和判断。

那假如我们之前否定孩子引起孩子反感，或者弟弟妹妹惹恼了哥哥姐姐，导致哥哥姐姐安全感缺失、信不过弟弟妹妹，那么他们这种内心的不舒服、不信任是要在分享之前必须处理好的。抛开手足之情谈分享，是很不切实际的。

3.选择孩子喜欢的提醒方式

惯例表制定好了，规则孩子懂了以后，孩子也不一定每次都能记住，这时候需要我们提醒。

怎么提醒呢，也是有方法的，这里我们先分享三个。

第一个是关键词提醒。例如，孩子吃着饭，把脚踩在茶几上，这时候我们可以说"宝贝，脚。"孩子就会很不好意思地笑笑拿下来。这时，别忘了给孩子一个认可的眼神或者竖一个大拇指。甚至这个"宝贝，脚"这三个字，有时候我可以直接简化为"脚"，或者是直接简化为"宝贝"两个字或者叫一下他的名字。孩子和我们之间的默契是天然的，他会懂得我们尊重他背后有怎样的提醒。

当我们经常耐心地、坚定地用这种方式提醒的时候，你会发现这种方式也会越来越管用，孩子也越来越愿意去配合。

第二个是无言的提醒。可能是眼神，也可能是一个动作。比如孩子把书扔到地上，那么我们就可以微笑着看着孩子，然后用手指一指地上的书。孩子一定会秒懂，不管是三四岁的孩子，还是四五岁的孩子都是可以懂的。假如孩子对我们的动作置之不理，我们可以蹲下来，拉着孩子的手，再做一遍这个动作，用微笑而坚定的眼神示意孩子。当我们内心平和有力量，孩子也会被我们感染，变得有判断力，为自己的行为负责。

第三个是信任。有时候孩子实在拒绝配合，而我们又必须做出决定的时候，我们可以什么都不做，只对孩子说："宝贝，妈妈相信你，一定可以做出更好的决定。"将这个难题抛给孩子，看看他会怎么做。一份信任，一份放手，就是鼓励孩子去为自己的所作所为做出判断，做出选择。相信孩子，孩子也不会让我们失望。

比方法更重要的是育儿心态和理念。我们命令孩子、批评孩子，与赢得孩子合作，有完全不同的两种内在逻辑。我们下命令的时候，意味着我们潜意识里认为孩子什么都不懂，他必须要听从我们、服从我们才能够好好去生活。

我们和孩子良好沟通、赢得孩子合作背后是一个什么样的逻辑呢？这个逻辑是：孩子，我知道你现在在想什么，我也知道你的感受，我会通过我的启发和平等的聊天，让你来妥善处理好自己这些感受之后，思考下一步怎么做才会更好。

例如，有的孩子看电视的时候在沙发上跳，那么如何从跳到不跳呢？这中间不是隔了一个命令，中间是隔着孩子一个思考和判断，对于看电视的规则、对于良好的家庭氛围应该如何去营造这件事情的判断和思考。通过我们的交流去引发孩子思考，想出更好的办法，才是沟通的本质所在。

沟通的最佳状态，是同时满足我们和孩子的需求，这是一个双赢的做法。哪怕有时候这个办法不好找，我们也要一直有这样的一个目标。向着这个目标去思考，就会找出更多的思路，让孩子内在富足，让孩子懂得配合。

## 09

## 调整心态,理性引导

"道"和"术"什么更重要?在家庭教育、情绪管理中是很难区分的。我们可能在养育中慢慢学到更多的"方法",同时我们也要有与这些科学方法匹配的"心态"。当我们情绪低落或者烦躁易怒时,也要记得先照顾好自己。我们是爸爸,是妈妈,但首先,我们是自己。

爱满则溢,爱孩子,为他们付出,是一件最自然不过的事。可当我们身心疲惫时,当我们缺乏科学方法,当我们力不从心时,也要记得及时给自己补充能量,充充电。偶尔停下修整,没关系。

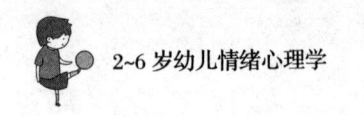

## 父母应该如何对待孩子的情绪

当父母处于情绪之中时,往往会下意识地对孩子的情绪做出反应,或者被激怒,或者去指责,制止孩子的情绪。不断学习的过程,就是让我们将这些潜意识的反应,变为有意识的行动。我们可以针对孩子的情绪和行为做这样一个梳理。

1.心态篇:如何看待负面情绪和不良行为

朋友总是对孩子跟自己顶嘴非常生气,有一次我这样启发她:你从孩子顶嘴这件事情当中能不能找到他的某些优点呢?

她一愣,半响之后,说:勇于挑战权威?有自己的主见?思维清晰?我以前怎么从来没看到他有这么多优点?

心态篇是让大家客观看待孩子的情绪和问题,找到孩子的优势,让他在适合的领域施展。例如,后来她和孩子玩故意找错误的游戏,她说一些逻辑性强的话,让孩子去反驳她,这一度成为他们经常玩的游戏,也让这个妈妈看到了孩子的思维敏捷、创意连连。

如果负面情绪和不良行为在我们心中只是孩子故意给我们惹祸、故意找麻烦,或者从孩子单一的行为想象出一系列严重的后果,让我们陷入焦虑和恐慌中,那么对这些现象,我们就会主观地进行排斥和否定,无法真正深入孩子内心,理解他们面临的困难,更加无法为他们提供必要的帮助。丹尼尔·西格尔把我们内心的这些焦虑和不理智的恐慌称为"鲨鱼音乐",

它在我们脑海中盘旋时，会传递给我们深深的恐惧，从而使我们失去理性平和分析问题的能力。父母在面对孩子的负面情绪和不良行为时，要注意关闭"鲨鱼音乐"，让自己平静客观地来帮助孩子。

2.修养篇：如何进行情绪管理

人到中年，有时候需要协调工作、生活，以及各种关系，其中压力可想而知，情绪管理的难度也相应大一些。劳伦斯·科恩博士把我们内心的能量形象地比喻为"内心的杯子"，当我们喜悦知足时内心的杯子是满的，当我们遇到一些生活中的困难、挫败，杯子里的水就会洒出来，如果平时不注意往杯子里蓄水，那么内心的杯子甚至会干涸。情绪崩溃、极端事件往往发生在内心的杯子枯竭之时。

最简单的调节方法就是每天抽时间做点自己喜欢的事情，平复一下心情。例如，之前有的妈妈告诉我她很喜欢聚餐，也很喜欢看电影，可是因为孩子上一年级，为了照顾孩子她舍弃了自己的需求，结果在长期的疲惫中经常出现情绪不稳定。

后来他们尝试一周给自己安排一次聚餐，隔周看一场电影，和家人商量好作为一个放松自己的机会，自己内心愉悦起来，对待孩子也更平和理性了。

3.工具篇：寻找哪些替代方式

工具篇有非常多，我们可以学习正面管教中的启发式询问、无言的提醒、选择轮、惯例表等；也可以使用《P.E.T.父母效能训练》中的"第三法",来解决生活中那些看似难解的问题;《非暴力沟通》中的沟通方式,对于我们和孩子、家人的沟通也非常有帮助;《游戏力》中的游戏,可以让孩子释放情绪,积蓄内在的能量。

例如,把陈述句变为诚恳的"疑问句",不要对孩子说:快去写作业,不写作业明天就别去上学了。孩子听了往往很反感,不想去执行。

换一种方式说:孩子,按照我们的时间规划,你接下来要去做什么?有什么困难需要妈妈帮助吗?

孩子得到尊重和启发,就会下意识思考这些问题,在我们的引领下,孩子会逐渐走在掌控自己生活规划的路上。

4.评估篇:如何衡量教育效果

如何衡量教育效果呢?《正面管教》一书中的四个标准还是非常值得参考的:

是否和善与坚定并行?

是否有助于孩子感受归属感和价值感?

是否长期有效?

是否能够帮助孩子形成良好的品格与技能?

这四个标准不是我们自己主观臆断的,而是要靠用心感受孩子,感受我们和孩子的互动来作出判断。

5.情感篇:用心用爱呵护成长

即使所有的方法都不管用了,别忘了我们是父母和孩子。天生的血缘关系让我们彼此感受到爱,也许一个拥抱,

一个眼神，比任何的"套路"都能让孩子理解成长路上应该怎么做。

## 如何培养孩子良好的情绪管理能力

很多人看到孩子情绪爆发的时候，第一反应就是吼，是生气。这其实是镜像神经元在发挥作用。镜像神经元使我们能够迅速感知并体验到对方的情绪。

当我们的情绪机制被孩子的情绪和行为触发了，就会觉得孩子在给我们惹麻烦，跟我们对着干。而实际上，这是我们的下脑主导了我们的大脑。

在这时候，我们首先要做一个觉察，试着让自己冷静下来，同时与孩子保持情感连接，陪伴他度过这个情绪爆发的过程。要做到这点并不容易，我们可以在心里问自己这样几个问题。

1.孩子的不良行为是在表达怎样的需求

我们要明确一点，孩子的不当行为都是有原因的，当我们去探究这个原因时，就能够分析出孩子所面临的需求。哪个孩子在打人的时候是充满喜悦的呢（有暴力倾向的除外）？要不是实在没办法，他何必去打人呢？所以逆向思考，想想孩子面临的困难，会给我们一个新的思路。

2.孩子为什么会有这样的需求和行为

还拿打人的例子来说，孩子为什么通过这样的方式去做？

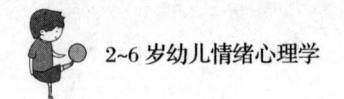

是因为觉得有效果,还是因为不知道如何做?在此之前他有什么样的经历?对他产生什么样的影响?当我们开始追溯原因,对于如何帮助孩子就会更有思路。

3.情感连接需要策略

让孩子感觉到自己在遇到困难时有父母的帮助,有来自父母的关怀,非常重要。有时是一个信任的眼神,有时是一个温暖的拥抱,也有时是一次不评判的倾听。无论哪一种方式,当孩子觉得我们和他站在一起,他往往就会更准确地说出他面临的困难。

轻轻握住孩子打人的小手,看着他的眼睛告诉他:"爸爸妈妈看得出来,宝贝真的很生气。你能告诉我们你想要做什吗?"

当我们和孩子建立好情感联结,再来识别情绪就会比较顺利。想要准确识别情绪,日常生活中我们可以这样做。

1.生活中父母多表达自己的情绪,如果可以的话试着加上原因和自己的感受

可以告诉孩子:

你刚刚在沙发上跳,妈妈有点担心,害怕你会摔倒。

爸爸今天圆满地完成了工作,感觉很开心!

姥姥觉得很生气,刚刚拖好的地板被宝宝弄脏了,姥姥还要拖一遍,但是现在她很累了,所以感觉很生气和难过。

宝贝,看到你这么生气,妈妈很担心也很心疼,让妈妈抱抱你冷静一下好吗?

当我们越来越多地表达自己各种情绪，孩子也会慢慢发现自己也有各种各样的情绪。

2.在阅读绘本时观察里面人物的情绪

通过绘本中人物的表情、语言等判断他们的情绪，以及情绪背后的原因，也能够很好地帮助孩子理解和识别情绪。

初级版，可以通过观察画面上角色的动作、表情来判断。例如：

宝贝，你观察一下波西和皮普打架时脸上的表情，他们是什么心情呢？（"波西和皮普"系列）

中级版，可以通过故事情节和人物的遭遇来判断。例如：

威尔伯被女巫温妮丢出了门外，恰好外面下雨了，它会是什么心情和感受呢？（"女巫温妮"系列）

高级版，可以通过事情发展的逻辑和人物的情感变化来判断。例如：

艾拉在斯宾德先生家里看到了自己丢的"幸运帽"，很想要回来，而现在这顶帽子被斯宾德先生当作礼物送给了斯宾德太太，艾拉并没有向他们要回来，她心里在想些什么？会是什么心情呢？（"小象艾拉"系列）

3.玩角色扮演的游戏时，创设多种情境帮助孩子理解不同情绪

在过家家时，可以设计不同的角色，如霸道的、友好的、受伤的、乐观的等，他们的故事也会推动孩子的游戏呈现出多样化的情绪。

例如，同样是去海边玩，有的孩子会感觉很开心，而有的孩子会感觉害怕。让孩子理解人有不同的情绪，而且不同的人对同一件事情可能有不一样的感受，进而帮助孩子理解人和人的不同，尊重人的不同情绪。

4.指出孩子的情绪

当孩子很开心时，我们可以告诉他：宝贝，看到这个新玩具，你一定很开心对吗？

当孩子生气打人时：宝贝，看到你的样子，妈妈觉得你一定很生气、很难过是吗？

当孩子害怕时：宝贝，看得出来你有些担心，妈妈陪着你一起，等你准备好了我们再尝试好吗？

在一些关键的节点，我们自然而然地指出孩子的情绪，会帮助他们觉察自己的情绪以及来源。这才情绪管理中是非常关键的一步。

帮助孩子识别了自己的情绪，我们还要引导孩子正确表达自己的情绪，对此，我们有以下建议。

1.大人自然地表达情绪

父母和孩子在一起时，开心、喜悦、失落都可以自然而然地表露出来，孩子会感受得到。有时候如果孩子比较小，我们还可以更明确地用语言表达出来。

例如，看到孩子很开心，我们可以先分享一件开心的事情，告诉孩子我们的感受，然后引导孩子说说自己此时的心情。

同时作为大人，我们也要找出可以平复我们情绪的几个方

法，以备不时之需。

2.通过绘画、动作等充满仪式感的小事来表达情绪

不管是正面的还是负面的，我们都可以进行表达。开心时的一次随意涂鸦，失落时的一次运动健身，用健康积极的方式给孩子示范情绪的表达。

3.遇到负面情绪时，可以给孩子设置冷静角

和孩子一起把这个地方装饰一下，放上孩子喜欢的玩具，当出现情绪问题时，静静地陪着他在里面玩一会儿。

4.如果孩子实在不会表达情绪，还可以借助正面管教情绪脸谱，通过指认的方式判断孩子的情绪状态

在孩子表达情绪之后，我们要接纳孩子的情绪，并进行理性引导。

在解决孩子生气打人的事情时，我们要谨记：所有的情绪都可以被接纳，但并不是所有的行为都被允许。只有我们接纳孩子的情绪，耐心倾听他们遇到的问题，才有可能解决他们的不良行为。

有时候孩子特别生气，我还会让他们用力地去画画、撕掉废纸、扔毛绒玩具、玩对抗游戏等，将火发出来之后往往他们就能够冷静地去讲述刚刚发生的事情，以及希望达到的结果，有时候甚至不需要我们帮忙，他们自己也能继续寻找办法。

当孩子出现情绪时，作为父母我们也难免着急，但我们还是要冷静下来解决问题。还记得《父母平和，孩子快乐》一书中，有这样一句话：

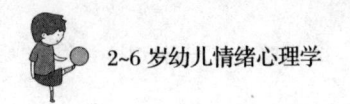

当孩子"激怒"我们的时候，正是我们遭遇心理障碍的时刻。每当孩子按下你的情绪按钮时，他只是在提醒你童年时期没有解决的问题。

## 如何与孩子建立良好的规则

有些情况下，"和善而坚定"与"冷暴力"之间只隔着模糊的一条线。制定规则在日常生活中早就应该开始了。

1.在日常生活中向孩子讲述一些基本的规则

例如，清晨天空明亮，夜晚万籁俱寂，爸爸妈妈固定时间去上班，热水不能随意碰触，要走斑马线等。让孩子理解规则是我们生活的秩序，规则也可以保护我们，让我们的生活更加方便舒适。

就像不能随意买玩具，也是为了我们合理支配金钱的使用，让我们享受更丰富、更有趣的生活。这份理解还会生发出思考力和判断力，让孩子慢慢理解几种不同的规则出现冲突时，我们应该如何选择。

2.在生活中和孩子一起遵守规则

不随便乱扔垃圾、固定阅读的时间、不沉迷于网络、待人友好等。这样的做法可以让孩子理解规则对于每一个人来说是通用的，规则不是权威人士对弱势群体的掌控和压制，这样的规则便不容易引起孩子的对抗。能够和父母一起遵守规则的孩子,更愿意去理解自己和他人的需求,并在其中寻找到最佳的平衡点。

3.生活中有了铺垫之后,在我们需要与孩子明确规则时,就要做到和善而坚定

和善而坚定的话语在正面管教中非常多,还是拿买玩具的例子来说,可以是:"爸爸妈妈知道你很想买这辆小汽车,可是我们这周的玩具购买计划已经完成了,你是想下次买,还是在这里多看一会儿呢?"

4.如果孩子继续哭闹,这是非常好的情绪管理的契机

这时候,是否购买的问题,就转化为如何引导孩子进行情绪管理。

与孩子建立良好的规则时,别忘了保持情感联结。尤其对于学龄前的孩子来说,让孩子哭而不去管他,美其名曰"别惯他毛病",对于某一类孩子是有效果的,但经常使用时容易遗留的隐患通常是孩子的情绪过激。

更为理想的状态是,我们完全可以在和孩子建立规则的同时,与孩子保持情感的联结。这并不冲突。我们不需要冷冰冰,也不需要树立威严,而是冷静地启发孩子:

我知道停下来不玩有点难,而现在是晚饭时间啦,我们想和你一起尝尝爸爸的手艺哦!

我理解你为什么宁愿看电视也不想做作业,而你需要先做家庭作业,有什么困难需要妈妈帮助你吗?

我知道你不想刷牙,而我也不希望你以后去看牙医,我们

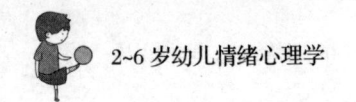

来比赛看看谁先跑进卫生间吧。

我知道你不想去做家务。那我们关于什么时候完成家务的约定是什么呢?

你不想去睡觉,而现在是睡觉时间,轮到你讲故事,还是轮到我?

我知道你想继续玩电子游戏,但现在到时间了,你可以现在关掉它,或者把它收进我的柜子里。

情感联结的基础是"孩子,我理解你",情感联结的核心是"尽管你现在不理解规则,但爸爸妈妈依然爱你",情感联结的目标是"孩子,爸爸妈妈会陪着你,我们一起理解和遵守这个合理的约定"。

和孩子的顺畅沟通也是很有技巧的。生活中我也经常遇到,商场里到处是琳琅满目的商品,孩子非常开心地跟我说:

妈妈,这个玩具好好玩!

妈妈,这辆卡车太酷了!

妈妈,这套积木我好喜欢!

看着他两眼放光的小模样,我不觉莞尔:

是啊,看上去真好玩。

刚刚我还没注意到这辆卡车呢,你觉得它哪里的设计最酷呢?

你这么喜欢积木,一定很想在这里玩一玩吧?

我们就这样手拉手聊着天,逛着街,有时孩子也说想要、想买,可是他更喜欢去发现一个又一个新奇的东西,然后分享

给我。比起否定他的那份判断，我更享受他和我分享时的那份喜悦，那就是一个个充满期待、生机勃勃的小小梦想，里面装满了欢喜，装满了对妈妈的信任。适合买的果断买下，不适合买的留一份期待给未来。

沟通是什么？沟通不是"你要按我说的去做"，沟通是"我们理解彼此的需求，并努力达成共赢"。

例如，有一次孩子很想买一辆超大的电动汽车，因为比较占地方，我们没有考虑买这个。当孩子缠着我要的时候，我坦诚地告诉了他这些客观原因，并询问他：

这一款因为体型太大，我们家还准备给你和妹妹留出更大的空间一起做游戏一起读书，你看看还有没有别的方法可以代替呢？

后来孩子自己选择了一款小巧的摩托车。

如果确实不能买的东西，我们可以仔细询问孩子究竟想要的是哪一种体验，然后带他去类似的地方尝试。例如，孩子很想买一款挖掘机挖沙子，也不现实，所以那段时间我们每隔一段时间会带孩子去公园里玩挖掘机挖沙子的项目，他也因此多了很多美好的体验。

## 父母如何管理好自己的情绪

父母情绪失控通常是无意识的，甚至大部分暴吼孩子的家

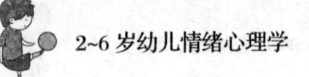

长,小时候通常也经历过或者目睹过很多暴吼的情形,在某些特殊情形下激发了大脑中储存的情绪和信息,不自觉地就开始了暴吼的应急机制。

面对这种情况,我们要先解决家庭里的问题,消除情绪引爆点。

通常来说,没有无缘无故的情绪失控,如果不是从小有这样的记忆,那么就有可能是日常有情绪的累积,以及缺少对教育方法的了解。尤其是有的家庭中,爸爸参与度不高,也容易导致一些家庭矛盾,这在一定程度上都是父母情绪的隐患。

在情绪爆发之前要有觉察,通过放松休息等方式调节自己。还记得之前上正面管教课程的时候,老师带我们做了一个活动,我们每个人都有一个瓶子,瓶子里可以放上很多重要的事情,如工作、孩子、家庭等,可是当我们塞满瓶子之后却发现我们很疲惫,承受着很大的压力。其实比较好的状态是我们先把自己好的状态放在瓶子里,健康、好心情、喜欢的事情等,这些看似不重要,却直接影响着那些重要的事情能否完成,以及完成得怎么样。

情绪管理,重在日常调整。和爱人、孩子一起到户外玩耍、度假,享受清凉的美食,让一家人放轻松,也可以全家人围坐在一起读读书,聊聊天南海北的事,想想也很幸福哇!

那么,家人之间如何沟通?

1.关注自己的需求,而不是对方的对错

亲密关系里的沟通,非常重要的一点是需求的表达。传

统中我们认为表达需求是示弱的表现,会没面子,或者认为亲密的人应该了解我们的需求,这其实都是沟通时的一些"干扰观念"。尝试抛开这些指挥我们的"想法",去正常地进行沟通,无疑会更加顺畅。

父母的沟通方式,其实是对孩子的言传身教。例如,家人之间要保持好好说话,能用正常的语气,就不要阴阳怪气;能平和地讲述,就不必恶语伤人;能坦然说出自己的需求,就无需指责对方不解风情。日常的表达就是最好的示范,能调动孩子的观察、思考、逻辑、语言、判断、沟通等多方面的能力。

2.为自己的情绪负责,掌握一定的沟通技巧

再亲密的人也是独立的个体,需要尊重,需要爱与归属感。亲密关系中的两个人,并没有责任为对方的情绪负全责。每个人都有责任管理好自己的情绪。因为有了这个意识,绝大部分时候我们的沟通是非常亲密而融洽的,也互相提醒,要坦诚地表达自己,用爱和尊重沟通,而不是用指责与抱怨来解决问题。

3.用爱来回应对方,而不是用坏情绪

亲密关系中,很多时候我们无法做到沟通的顺畅,还有一个原因是我们任由情绪掌控我们,而不是用爱来表达。吵架的时候,谁还记得爱啊?我们第二次沟通前,我就进行了一番内心的对话。这些对话是我在读《亲密关系》一书时,重点了解的几个问题,分别是:

我想要什么?

有没有什么误会要先澄清的？

我所表达的情绪，有哪些是绝对真实的？

我或我伴侣的情绪，是不是似曾相识？

这种情绪是怎么来的？

我该怎么回应这种情绪？

情绪背后有哪些感觉？

我能不能用爱来回应这种感觉？

从这些问题中，我确实发现了一些很关键的点：我的初衷是爱，而不是指责与不满；这种情绪我小时候经常在妈妈身上看到；这些情绪背后的感觉是失落，是害怕爱真的会消失，而不是表面的气愤。能不能用爱来回应这种感觉呢？当然可以！所以第二次的沟通，我们是从家庭会议的感谢环节开始的，因为有了感谢这个基调，很多表达就更温馨、更贴近内心真实的感受。因为我和老公之间更关注沟通的方式，和孩子之间也有了更多温情的互动。

4.学会更好地表达情绪

负面情绪累积多的时候，我们自己消化不了，就会波及身边的人。这是因为情绪更为主观、更为复杂，一旦陷入冲突和对抗，情绪的表现形式又特别多样化，给我们的表达带来很多的阻碍。通常来说，表达情绪有这样的几个阻碍：

想表达，却缺乏对情绪的认知，无法顺畅表达感受。

着急解决问题，压制情绪，留下隐患。

不善于日常情绪表达，导致情绪累积。

和身边朋友交流时，这样的问题不胜枚举。如何更好地表达出自己的情绪呢？根据我自己的经验，这几个特别好用！

1.了解自己！了解自己！了解自己

重要的事情说三遍，这是自我认知的部分。了解自己的内心和需求，才更容易准确表达。如果把过多的注意力放在外界的事物上，横挑鼻子竖挑眼，往往越挑越气，找不到情绪的来源。

对于我们大人来说，多一点内心对话、坦诚面对"内心的小孩"，往往就会找到很多启发。而对于我们的孩子来说，要在生活中有意识地进行自我认知能力的培养，让孩子练习对自己感受、行为、身边事物的觉察和思考。

2.掌握表达情绪类的词语，并在故事中体验他人的感受

我们在沟通时，有些语言是下意识的，而在我们的"词语库"中，通常储存的情绪类词语相对较少。因此我们也要练习多使用更准确的词语来表达情绪，或者在相应的真实情境、阅读语境中体验和表达。我在阅读《非暴力沟通》《去情绪化管教》这两本书时，有很大的启发。举例来说，《非暴力沟通》会对表达具体感受的词语与陈述想法、评论以及观点的词语做很明确的区分。

例如，"我觉得你不爱我"这句话其实是我们对他人的判断，而"你忘记了我的生日，我很伤心"这句话才是感受。

再如，"我觉得我被人误解了"这句话表达的是想法，也不是感受；而"我被人误解了，我很郁闷"，这句话才是

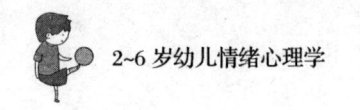

感受。

用准确的词语来表达感受，会促使别人更清晰地明白我们的实际状况，并留意我们的情绪需求，从而根据我们的状况和需求，进一步沟通或寻找解决方法。

3.经常性地练习表达自己的情绪，不管是正面的还是负面的，并说明原因

很多家长说，孩子读书很多，怎么就不会表达呢？孩子很喜欢阅读，怎么就愁写作呢？其实古人说得对，世事洞明皆学问，人情练达即文章。想要学会表达情绪，靠的不全是技巧，还要激发孩子主动表达的欲望，要身边人真的接纳孩子，并乐于倾听孩子的心声。

在一个家庭中，不管是负面情绪还是正面的情绪，本身都是孩子自己的应对机制，不存在好坏之分。负面情绪同样值得父母理解和接纳，重要的是如何排解和疏导。

另外，除了沟通的技巧、表达的技巧，我想在亲密关系中，爱一定是一切的前提。因为相爱，很多表达的阻力会慢慢减少，因为相爱，很多沟通的壁垒也会被逐渐打破。不管是我们还是孩子，都要经常去表达爱，创造爱。

从这个方面说，文字看似是工具，更是情感和思想的载体。很多人不重视表达，或者不擅长表达，也是因为不懂得文字背后所传达的爱与庞大的信息。同样是一个"累"字，有的人看到的是责任，看到的是价值，也有的人看到的是无力感，是疲惫感。亲密关系中，我们也应当学会通过普通的文字去理

解对方的心意。

在平平淡淡的日子里，和家人、和爱人好好说话，好好表达情绪，也许并不那么容易，但是如果用心去倾听、去尝试，真的是一件爱意满满又倍感幸福的事。

## 接纳情绪，拥抱真实的自己

很多父母在自己情绪失控后后悔不迭，内疚不已，其实父母每一个情绪失控的时刻，都是父母需要得到帮助的时刻。

1.暴怒的那一刻，是情绪问题，更是内在能量不足

很多人都有过情绪难以自控的时候，当情绪上来的那一刻，什么打骂、吼叫的行为都能做出来。

为什么我们的情绪会这么不受控制呢？我想起我在家长工作坊的课程中，老师给我们做的一个演示活动。她倒了满满一杯水，告诉我们这就是清晨起来时我们的能量状态，饱满的，丰盈的。

可是在上班路上遇到了堵车差点迟到，我们的心情受到了一点影响，杯子里的水洒出来一点；然后上班时，领导因为一件事情而发火，我们杯子里的水又洒出来一点；一整个上午我们都在忙碌，可还是在工作上出现了一点小纰漏，我们杯子里的水又洒出来一点；中午的时候，吃饱了饭刚想要休息一下，突然闺蜜打来电话诉苦，说自己的孩子多么多么不听话，这时

我们杯子里的水已经不是很满了,也没有太多的耐心,于是我们可能会敷衍着说:你是妈妈,先从自己身上找找问题,这点小事别担心啦!闺蜜听了也不开心:你怎么总是这样说话,我都快急死了!挂了电话,我们杯子里的水继续洒出。

下午上班时可能会颈椎疼痛,接送孩子时可能看到他的小伙伴都有奖励而自己的孩子没有,晚饭时听说老公又要加班,吃饭时看到孩子把饭菜洒在了桌子上……

可能那一刻,杯子里的水没了,我们的情绪就来了。我们以为自己情绪管理不好,我们以为自己不是个好妈妈,我们以为孩子有我们这样的妈妈真的糟糕透了!不是的,只不过是妈妈在那个当下真的累了,她没有能量去做好自己,没有能量去运用良好的育儿方法,就如同巧妇难为无米之炊。

网上有个高点赞的文章说"妈妈不是脾气不好,妈妈只是累了",让很多人深有同感。试想如果大人都生活得苦哈哈,压力大,又怎么能给孩子轻盈幸福的人生状态呢?

2.能量不足时,对自己可以做点什么

尽管学习多年,但我一直秉持一点,要做真实的成长型的妈妈,而不是完美的妈妈。做父母的情绪管理失败也是正常的,生活中可以这样来调整自己:

第一,接纳不完美的自己。我们的不完美正是示范给孩子如何看待不完美。我对坦然对孩子说:宝贝,妈妈犯了一个错误,刚刚大声说了你,妈妈现在很需要你的拥抱,我们可以抱抱吗?往往孩子会原谅我,同时我会感谢他,并告诉他,下次我发火的时候他可以试着提醒我。而下一次的时候我也会在那个当下做一次"暂停"，告诉自己，这是我的情绪控制了我。

第二，找到自己能量流失的根源。我们每个人都有一个能量杯，能量的流失可能是一些不愉快的事情，比如婆媳关系、夫妻关系、工作与归属感、原生家庭、内在小孩、家务太多导致的疲惫等。试着梳理一下消耗自己能量最大的那一部分，然后做个调整。当然如果这涉及原生家庭或者是内在小孩，也可以通过专业一点的课程来调整自己。

我有一位好姐妹，她就曾经觉察过自己发火的时刻，她发现当丈夫加班很忙碌并且对自己也不管不问时，她更容易情绪失控。这可能就是源于夫妻关系以及过于劳累。妈妈群里也有人分享说，因为自己从小被爸妈训斥长大，现在每次和自己的爸爸妈妈在一起时，情绪相对就是不稳定的。这些我们都可以留意一下，然后再做出更好的调整。

另外补充一点关于内在小孩。内在小孩最早是由瑞士心理学家荣格提出的一个心理学概念。简单来讲，内在小孩就是你自己，他是另一个自己，他是一个一直被你忽略的自己，他还是一个受伤的自己，他被你关入内心最深处，也许是出于自我保护，你一直在逃避他，远离他，当他不存在，甚至于恐惧他，讨厌他，总之，不愿意接受他。他经常会在你状态不好的时候，用潜意识的形式为你做出一些错误的决定或者是行为。经常感觉有内耗的人，可能就是内在小孩需要我们的"看见"以及"疗愈"。

第三，找到能让自己开心起来的事情。我们还可以找出一些可以补足自己能量的事情，拿我自己来说，我喜欢去海边散步、读书、吃零食、做面膜、做分享等。我们可以找出几件这样的事情。这些事情有什么作用呢？就像我们往一个瓶子里装些大小不同的石子，我们都知道如果先装小的，最后大的就装不下了。这些补足我们能量的事情，就是那些大石子，我们可以花一点点时间去让自己愉快一点，然后再去处理现实生活中的各种问题，往往状态就能好一点。做妈妈，千万别忘了多爱自己一点！

第四，参加比较系统专业的线下父母课程。不断学习成长，通过一些专业的课程来滋养自己，为自己的家庭教育提供能量加持，也是很好的方式呢！

3.能量不足时，可以对孩子做点什么

例如，孩子拖拉，我们的科学引导可能不仅是接纳情绪，平和引领。拿正面管教的理念来说，我们在孩子做事情之前需要和孩子做一个惯例表，并且由孩子来决定这个惯例表的内容，我们仅仅做启发与引导。当孩子出现拖拉时，可以使用思考行为可能产生的后果，让孩子想一想，这次拖拉可能会造成哪些影响。之后，我们还要启发孩子解决问题，问问孩子，下次遇到这样的情况，还可以怎么做？要有具体的做法，而不是"不拖拉了"，而是"我可以调整……的时间""我可以挤出……的时间"等。

孩子忘记带东西，这时需要我们的提醒，怎样提醒呢，往往反复的语言并不是孩子最认可的方式。这时，我们可以采用"关键词提醒"，用一个词语示意孩子要做的事情；还可以用"无言的提醒"，让孩子保留了面子的同时更愿意配合；当已经忘记带的情况下，也要感受一下"自然后果"（而不是"逻辑后果"），让孩子对整个事情负责，来想出其他的解决办法。孩子的责任心和解决问题的能力，会在这个过程中慢慢培养起来。这些方法，不需要语言，也不需要发火，在有些情况下可以避免争吵。

在陪娃养娃的路上，爱满则溢并不是一句漂亮话，而是实实在在的真相。当我们内在拥有能量，拥有爱，懂得与内在小孩和谐相处，觉察自己，会更好地爱孩子。

有时候我觉得，在养育孩子的过程中，更多的是孩子治愈了我。在这世俗、忙碌而庸常的岁月里，他们常常让我们感受到澄澈暖心的爱、单纯明媚的善，以及那柔软娇嫩而又蓬勃向上的喜悦与活力。在和孩子共同成长的路上，我们也成为了更好的自己。